乡村电气化
与能源转型

国网山东省电力公司
清华大学能源互联网创新研究院　组编

中国电力出版社
CHINA ELECTRIC POWER PRESS

内 容 提 要

本书回顾了乡村电气化在我国的发展历程，介绍了乡村电气化相关有代表性的关键技术与应用场景，对新型电力系统下乡村电气化的发展与能源转型进行了分析与展望。

全书共 8 章，内容分别为：乡村电气化的发展背景、乡村能源供需分析、乡村电气化与能源转型关键应用技术、乡村电气化典型应用场景、乡村电气化的商业模式、乡村电气化的评价指标体系、乡村电气化国际经验、国内乡村电气化创新实践与未来展望。

本书适合能源电力行业从业者、国家相关部门政策制定者、科研工作者、高校及研究院所能源专业学生参考使用。

图书在版编目（CIP）数据

乡村电气化与能源转型／国网山东省电力公司，清华大学能源互联网创新研究院组编．—北京：中国电力出版社，2022.8
ISBN 978-7-5198-6906-9

Ⅰ．①乡… Ⅱ．①国…②清… Ⅲ．①农业电气化－能源发展－研究－中国 Ⅳ．① S24

中国版本图书馆 CIP 数据核字（2022）第 123210 号

出版发行：中国电力出版社
地　　址：北京市东城区北京站西街 19 号（邮政编码 100005）
网　　址：http://www.cepp.sgcc.com.cn
责任编辑：崔素媛（010-63412392）
责任校对：黄　蓓　王海南
装帧设计：张俊霞
责任印制：杨晓东

印　　刷：三河市万龙印装有限公司
版　　次：2022 年 8 月第一版
印　　次：2022 年 8 月北京第一次印刷
开　　本：710 毫米 ×1000 毫米　16 开本
印　　张：7.25
字　　数：110 千字
定　　价：48.00 元

版权专有　侵权必究

本书如有印装质量问题，我社营销中心负责退换

编委会

主　任　董京营
副主任　张爱群　陈俊章　高玉明
委　员　李　民　马君华　胡永朋　延　星　尹明立　王建宾

编写组

主　编　张爱群
副主编　高玉明　李　民　马君华　尹明立　延　星
参　编（按姓氏笔画排序）

王　岩　王　嘉　王　磊　王光智　王金友　王建宾
石文秀　田　晓　田　浩　白金伟　司书涛　向珉江
刘　佳　刘国庆　刘学民　刘勇超　刘蒙蒙　杜自刚
李　涛　李文芳　李易凡　杨　阳　何继江　宋　亮
张　庆　张　绚　张　涛　张金桂　范加贺　林　勇
周忠堂　周彦飞　赵　冠　施宏图　耿宝春　徐双庆
郭　强　黄文瑞　梁　波　寇春雷　葛　静　曾乐宏
解昌顺　蔡明宪　霍丹丹

序

《乡村电气化与能源转型》一书旨在落实2021年中央一号文件《中共中央国务院关于全面推进乡村振兴加快农业农村现代化的意见》和国家能源局、农业农村部、国家乡村振兴局发布的《加快农村能源转型发展助力乡村振兴的实施意见》，促进乡村清洁能源建设，分布式可再生能源发展壮大，绿色低碳新模式、新业态得到广泛应用，农村电网保障能力进一步增强，新能源产业成为农村经济的重要补充和农民增收的重要渠道，绿色、多元的农村能源体系将加快形成。

本书围绕"乡村电气化、电气化乡村"进行了全面的介绍，可读性强，具有独特的实用价值和理论探索意义，有助于引起业界共鸣，进一步调动社会各界为城域能源尤其是乡村能源绿色低碳转型和创新发展出谋出力的积极性。

本书从乡村电气化背景引入，逐步展开讨论乡村能源供需特点和形势、乡村电气化与能源转型关键应用技术、乡村电气化典型应用场景，总结出乡村电气化商业模式和乡村电气化评价指标体系，并且通过借鉴国外先进经验，立足中国创新实践，展望中国乡村电气化的发展前景。本书是能源企业工作人员、能源领域研究人员、电气化专业技术人员等可资借鉴的有益素材，也必将起到"抛砖引玉"的重要作用，有助于推动关注城域能源、乡村能源、能源绿色低碳转型、能源供给安全等方面的专家和学者进一步深入探索如何通过电气化实现乡村绿色低碳转型。

国务院发展研究中心资源与环境政策研究所　郭焦锋

2022年8月于北京

前言

随着农村电网不断完善、供电服务持续提升,电气化在农业生产、乡村产业、乡村生活中进一步得到普及与应用。我国的乡村电气化发展经历了无电通电、"两改一同价"、能源转型三个发展阶段。现阶段在我国大部分地区,已经实现了农业生产与农产品加工中供水、排灌、制冷、取暖、通风等农业固定作业的高度电气化。同时乡村电气化在农村生活、园艺、畜牧业等方面也获得显著的进展与成功的经验。随着能源电力技术和信息技术的不断发展,乡村电气化正在助力农业生产向少人化和无人化的方向发展,助力农产品加工向机械化和自动化方向发展,助力乡村生活向智慧化和低碳化方向发展。

在大规模可再生能源以分布式发电方式接入电力系统的背景下,传统的乡村电气化发展将从注重电能在农村的使用向注重乡村用电与可再生能源的结合和提升供电可靠性等方面转移。农村家庭智慧家居、农村生活多能互补智慧供暖、乡村智慧台区等一大批电气化试点示范工程在全国范围内积极展开。未来,大力推广农村分布式光伏和风电的利用,将是大规模可再生能源并网消纳的重要方式。

随着乡村电气化的不断深入,乡村清洁取暖、农村产业用电、生物质综合利用、乡村住宅建筑节能、新型乡村综合能源站、农网规划设计、电网调度等关键应用技术,将在民宿、蔬菜大棚、烤烟、灌溉、畜牧养殖、水产养殖、制茶、制陶、冷链物流等电气化典型应用场景中发挥重要的作用。

乡村电气化建设是"十四五"期间新型电力系统建设的重要内容之一，在推动农村现代化建设、助力实现"双碳"目标、推进新型电力系统建设、奠定农电可持续发展基础、促进农业生产及相关行业发展、改善农村环境等方面具有积极的作用。

编者

2022年8月

目 录

序

前言

第1章 乡村电气化的发展背景 / 001

　1.1 乡村电气化的意义 / 002

　1.2 乡村电气化的三个发展阶段 / 006

　　1.2.1 无电、通电阶段 / 006

　　1.2.2 "两改一同"阶段 / 006

　　1.2.3 能源转型阶段 / 007

　1.3 乡村电气化政策及成效 / 009

　　1.3.1 乡村电气化政策 / 009

　　1.3.2 乡村电气化成效 / 011

第2章 乡村能源供需分析 / 015

　2.1 乡村生活能源需求 / 016

　2.2 农业生产能源需求 / 018

　2.3 乡村产业发展能源需求 / 019

　　2.3.1 乡村产业的发展方向 / 020

　　2.3.2 乡村产业的能源问题与需求分析 / 021

第3章 乡村电气化与能源转型关键应用技术 / 025

 3.1 乡村清洁取暖技术 / 026

 3.2 农村产业用电技术 / 028

 3.3 生物质综合利用技术 / 028

 3.4 乡村住宅建筑节能技术 / 030

  3.4.1 乡村建筑节能措施 / 031

  3.4.2 乡村建筑用能技术 / 032

 3.5 新型乡村综合能源站 / 035

 3.6 农网规划设计 / 036

 3.7 "源—网—荷—储"技术 / 036

第4章 乡村电气化典型应用场景 / 039

 4.1 农业生产电气化 / 040

  4.1.1 电气化灌溉 / 041

  4.1.2 电气化蔬菜大棚 / 042

  4.1.3 电气化畜牧养殖 / 043

  4.1.4 电气化水产养殖 / 045

  4.1.5 电气化冷链物流 / 047

 4.2 乡村产业电气化 / 048

  4.2.1 电气化烤烟 / 049

  4.2.2 电气化制茶 / 051

  4.2.3 电气化制陶 / 052

 4.3 乡村生活电气化 / 054

  4.3.1 电气化民宿 / 054

  4.3.2 电气化出行 / 056

第5章 乡村电气化的商业模式 / 059

5.1 参与主体 / 060
5.1.1 分布式光伏、风电主体运营商 / 060
5.1.2 电能终端用户 / 060
5.1.3 电能替代用户 / 061
5.1.4 电动汽车车主 / 061
5.1.5 储能运营主体 / 061

5.2 业务形态 / 061
5.2.1 光伏"整县推进" / 061
5.2.2 售电业务 / 062
5.2.3 电能替代业务 / 062
5.2.4 充电业务 / 063
5.2.5 储能业务 / 063

5.3 运营模式 / 064
5.3.1 光伏"整县推进" / 064
5.3.2 售电业务 / 064
5.3.3 电能替代业务 / 064
5.3.4 充电业务 / 065
5.3.5 储能业务 / 065

第6章 乡村电气化的评价指标体系 / 067

6.1 评价指标体系构建原则 / 068
6.2 评价指标分析 / 069
6.2.1 经济性指标分析 / 069
6.2.2 技术性指标分析 / 070
6.2.3 社会综合效益指标分析 / 071
6.3 乡村电气化工程建设评价指标体系 / 073

第7章 乡村电气化国际经验 / 075

7.1 德国 / 076
- 7.1.1 云克拉特镇光伏项目 / 076
- 7.1.2 基尔河北岸农场光伏 / 077
- 7.1.3 家居供暖系统 / 077
- 7.1.4 苏特村光伏项目 / 078
- 7.1.5 海德堡被动房社区 / 079

7.2 英国 / 080
- 7.2.1 零碳社区 / 080
- 7.2.2 光伏树 / 081
- 7.2.3 光伏街道 / 082

7.3 法国 / 083
- 7.3.1 太阳能农场 / 083
- 7.3.2 光伏温室 / 084

7.4 北欧 / 085
- 7.4.1 瑞典 / 085
- 7.4.2 丹麦 / 088

第8章 国内乡村电气化创新实践与未来展望 / 093

8.1 示范项目 / 094
- 8.1.1 山东寿光乡村振兴综合能源示范项目 / 094
- 8.1.2 河南兰考县能源互联网综合示范工程 / 095

8.2 未来展望 / 097

参考文献 / 100

第 1 章

乡村电气化的发展背景

1.1 乡村电气化的意义

乡村电气化是农业和农村现代化的重要组成部分。乡村电气化建设可以有效推动新农村建设，带动提升农业生产现代化、自动化水平，有利于推进环境保护和可持续发展。传统的农村电气化、再电气化注重电能在农村的使用，在大规模可再生能源以分布式发电方式接入电力系统的背景下，乡村电气化更注重农村用电与可再生能源的结合和提升供电可靠性等方面，同时，在广大农村推广分布式光伏和风电，也是大规模可再生能源并网消纳的重要方式。

2018年出台中共中央 国务院《关于实施乡村振兴战略的意见》和《国家乡村振兴战略规划（2018—2022年）》，明确指出全面实施乡村电气化提升工程，加快完成新一轮农村电网改造。为认真贯彻落实《中共中央 国务院关于坚持农业农村优先发展做好"三农"工作的若干意见》精神，加快实施乡村振兴战略，2019年，山东省政府结合实际情况发布的《关于坚持农业农村优先发展进一步做好"三农"工作的实施意见》，提出要强化乡村振兴战略实施，全力打造齐鲁样板。同年，国家电网有限公司印发《关于服务乡村振兴战略大力推动乡村电气化的意见》，计划在2019—2022年期间，全面实施乡村电气化提升工程，大力推动乡村电气化，促进乡村能源生产和消费升级。为山东省实施乡村振兴战略，国家电网有限公司印发《国网山东省电力公司全力服务乡村振兴战略大力推动乡村电气化的实施方案》，着力打造乡村振兴齐鲁样板，并注入新动能。2021年国家能源局、农业农村部、国家乡村振兴局印发《加快农村能源转型发展助力乡村振兴的实施意见》，将能源绿色低碳发展作为乡村振兴的重要基础和动力，推动构建清洁低碳、多能融合的现代农村能源体系。各基层单位积极响应上级政策，落实电气化实施方案，建设电气化试点示范工程，如农村家庭智慧家居、农村生活多能互补智慧供暖、乡村智慧台区等项目。

农业电气化遍及农业各个部门的所有生产过程和绝大部分生产环节以及居民生活的各个方面，农业生产和农产品加工业的供水、排灌、制冷、取暖、通风等农业固定作业已完全可以实现高度电气化。园艺部门的电气化也已获得成功的经验，高度电气化的温室可以创造适宜作物生长发育的人工气候和环境条件。在电气化畜牧场中，所有供水、喂食、通风、换气、采光、取暖、除粪、挤奶、集蛋、杀菌等作业都可自动进行，家畜在适宜的环境能获得良好而经济的营养，可保证家畜产品的稳定高产。田间、野外流动作业的电气化难度较大，在通信、控制、工况检测、显示装置和自动驾驶等方面有较大发展，喷灌机可完全实现电气化、自动化，灌溉作业正在实现少人化和无人化。在农村生活方面，电气化首先在照明、广播、电话、电影、电视、冷藏、空调等方面取得进展。现在随着农村生活水平的提高，城市中使用的各种家用电器也已在农村居民中逐步得到推广使用。乡村电气化通过充分利用能源电力技术和信息技术，实现农业生产、农村生活和农产品加工领域机械化和自动化，因地制宜开发利用可再生能源，提高乡村用能的电气化水平，实现低碳环保、安全高效、灵活可靠的目标。

电气化建设为农村居民提供了新的性价比更高的优质能源，满足了农村居民日益增加的用电需求，同时对于相关电力产业的发展具有一定的推动效果，为农业发展提供助力，有效推动农业产业化发展进程，对于农民生活品质的提升具有积极意义。推动乡村电气化建设也可以带动农村区域的就业，让农民劳动力参与到建设工作，对于降低建设成本、提升农民就业质量及收入具有积极意义，也可以更好地促进乡村振兴和经济发展。通过乡村电气化建设，可以推进城乡一体化，助力实现乡村振兴，拉动乡村经济提升农民生活水平，建设美丽中国乡村共同富裕样本。

1. 乡村电气化建设推动农村现代化建设

推进农村的电气化建设可以为农民群体提供更多利益，提升农村居民生活水平，强化农业生产质量和发展潜力，有利于带动农村区域文化建设、经济建设同步提升，营造更加和谐的乡村生产生活方式。农村要实现快速的发展，电气化建设是基础，完善的电气化建设可以有效提升农村的生产运作效率和质量，推广农产品加工环节的电能技术，如电炒茶电气设备、电采暖等，可以为农产品加工和提升生活质量提供更大的助力；完善的电气化建设可以为农民提供使用电脑、电视、冰箱、空调等各类电器的基础，通过电器与互联网的结合可以为农民开阔视野，促使农村生活质量提升。

2. 乡村电气化建设助力实现"双碳"目标

大幅提升电气化程度，在农业生产、民宅、交通等领域大力推广使用电能，是加快能源清洁低碳转型、实现"碳达峰、碳中和"目标的重要手段。目前我国在推进乡村电气化方面还存在短板，主要包括政策顶层设计和支撑力度有待加强，市场环境和绿色低碳的用能取向有待培育，技术创新亟须强化和提升等。助力"碳达峰、碳中和"是一个系统工程，涉及农村发展规划、市场机制、技术创新等多方面，需要统筹研究乡村布局，加快推进乡村电气化发展，构建以电为中心的终端能源消费格局，促进能源清洁低碳转型，进一步提升终端用能的电气化水平。通过开发可再生资源，推广分布式可再生能源利用，提高可再生能源占比，落实"双碳"目标。

3. 乡村电气化建设推进新型电力系统建设

目前国家推进整县光伏试点工作，能源转型需求迫切。通过利用农村大量可利用的屋顶资源，在我国农村建设以屋顶光伏为基础的农村新型电气化建设，将成为破解风电、光伏发展困境、助力农村经济社会发展的一条有效路径。而以新能源为主体的新型电力系统承载着能源转型的使命，是清洁低碳、安全高效能源体系的重要组成部分。以屋顶光伏为基础的农村电气化建设，或将是我国建设农村新型电力系统的突破口，为村民日常生活提供能源，将来还可以将富余电力向城市、工业区输出，为村民创造新的收入来源。

4. 乡村电气化建设奠定农电可持续发展的基础

农电在农村中得到发展的前提就是在农村中完成基础的电气化建设，深入推进电气化建设工作可以将电力更好地应用到农村生活的各个方面，提升电气化设备在农村的普及率，有利于促进农村电力消费水平的提升，为区域内电气化可持续发展奠定坚实基础。目前偏远地区的农村供电能力仍然较弱，配电线路长，用电负荷分散，线路损耗较大，通过乡村电气化，科学规划电网布局，优化电网结构，做到统筹全局、科学规划，并进行可靠性评估、准确预测负荷，从源头上消除电网未来潜在隐患。从而进一步解决农村低电压和网架结构不合理等问题，补齐农村电网发展短板，提升供电能效水平。

5. 乡村电气化建设促进农业生产及相关行业发展

农网技术改造提升了农村电力供应质量，是电气化建设的重要环节，有效解决了部分区域电压低无法满足生产需求的问题，为各类农业生产机械设备的运行提供了可靠的电力支持。随着社会经济水平的不断提升，各类机械设备在农村生产运作中得到了广泛应用，如新能源电动汽车、粮食加工机械、粉碎机等，这些设备的应用需要电力保障。机械设备应用范围和使用需求的增加促进相关机械企业的发展，为农业生产提高效率、节省人力成本提供了有力支持，为转变农业生产方式和促进农村自动化建设发展提供了设备基础。

6. 乡村电气化建设对改善农村环境具有积极作用

煤、石油等化石能源的应用对我国的环境产生严重影响，产生的污染性气体造成了空气质量下降，对人们生活健康产生严重的危害；气体与雨水结合降下的酸雨也使区域内土壤酸化严重，给动植物的正常生长带来严重危害，导致农业生产中出现农作物产量低的问题，影响农业的长远发展。在农村缺乏电力供应的情况下，农村居民只能依靠煤来满足冬季供暖需求，依靠煤气或焚烧秸秆进行饭菜烹饪，这将导致大量有毒有害气体的产生，对环境产生不利影响，进而对农业发展也产生不利影响，这将形成一个恶性循环，影响农村的可持续发展。随着电气化建设的推进，电力进入众多农村居民家中，为日常生活提供新的能源应用模式，同时集中供暖等供暖方式的应用也有效降低了取暖资源的消耗，降低了对环境的危害程度，减少乡村空气污染，修复乡村生态环境，推进实现"3060"双碳战略目标。

1.2 乡村电气化的三个发展阶段

1.2.1 无电、通电阶段

乡村电气化是中国能源转型的重要组成部分，是国家能源革命战略、乡村振兴战略、全面建成小康社会的重要内容，推进乡村电气化根本上就是要优化乡村用能结构、提高乡村用能效率、保障农村能源供应。改革开放初期至20世纪80年代，电力短缺成为制约经济发展的"瓶颈"，乡村电气化要重点解决"三农"和无电户用电。长期以来，乡村电力等基础设施和农田水利基础设施主要是依靠农民和乡村集体经济组织力量完成实施，国家辅以补助支持。1985年5月，国务院发布《关于鼓励集资办电和实行多种电价的暂时规定》，把国家统一建设电力设施和统一制定电价，改为鼓励地方、部门和企业投资建设电厂，实施"拨改贷"、鼓励"集资办电"，拓宽了电力建设资金渠道，使得乡村地区电气化发展加速。

20世纪90年代之前，中国处于全国缺电、农业及农民生活用电得不到保证的状态。国家提出了"确保农业生产的季节性用电、确保农民生活晚上几个小时的生活照明用电"的明确要求。1994年，国家提出"八七乡村振兴攻坚计划"，计划用7年时间解决8000万贫困人口的脱贫问题。按照国务院的整体部署，电力系统提出了"电力乡村振兴共富工程"，其目标是用7年时间消灭28个无电县，使全国95%以上的农户用上电。1997年末，乡村家庭通电的地区达到了95.9%。从改革开放初期到1997年底的无电通电阶段，乡村电气化发展的重要特征是以地方建设电力为主，乡村电气化政策目标是重点解决无电户用电问题和保障乡村电力供应。

1.2.2 "两改一同"阶段

1998年10月，国务院颁发《国务院办公厅转发国家计委关于改造农村电网改革农电管理体制实现城乡同网同价请示的通知》（国办发〔1998〕134号）文件，从此"改革农电管理体制，改造乡村电网，实现城乡同网同价"工程在全国展开。1998—2010年，乡村电气化从城乡分割到城乡一体化发展，重要特征是

"两改一同"和国家投资，乡村电气化目标是改造乡村电网实现城乡同网同价。为了适应我国乡村从温饱向小康的转变，国务院同意电网企业负责组织实施大电网供电区内的电气化县的建设。

从1998年8月"两改一同价"开始，到2004年4月结束，国家陆续投入资金2885亿元，对乡村电网进行了改造。乡村电网的现代化程度有了质的提升，电网规模有了质的飞跃。城乡居民用电的同价水平平均为0.5元/（kW·h）左右，乡村居民生活电价比"两改一同价"前平均约降低0.23元/（kW·h）。通过实现城乡用电同价，全国每年可减轻农民电费负担约420亿元。自此，我国乡村电网建设资金主要来源于国家政策扶持和电网企业的贷款，改变了主要依靠地方投资的状况，基本解决了长期困扰农网发展资金不足的难题，标志着农电发展模式的重大战略转变。

除出台全国范围内的乡村电力发展政策外，政府部门还针对西部贫困地区乡村电力落后的状况，专门制定了相关政策，于2002年启动了"送电到乡"工程，选定在西部7省区（西藏、青海、新疆、四川、内蒙古、甘肃、陕西）建立720多座独立离网光伏电站，安排总投资47亿元，推广小型风电、光伏发电及小水电，解决了1000多个无电乡、约200万人的用电问题。

2003年，财政部第一次提出，要让公共财政的阳光照耀乡村，这既是公共财政支持"三农"工作指导思想的重大转变，也是公共财政覆盖乡村行动的开始。从2004年至今，政府部门出台相关文件，主题是缩小城乡差距，促进城乡经济社会一体化发展；扩大公共财政覆盖乡村的范围，加强政府对乡村公共服务的投入，着眼于从根本上改变城乡二元结构，逐步解决"三农"问题。除出台全国范围内的乡村电力发展政策外，政府还针对西部贫困地区乡村电力落后的状况，专门制定了相关政策。

1.2.3 能源转型阶段

2011年至今，中国经济发展步入新常态。中国能源发展开始向绿色低碳转型，能源革命被提上议事日程。我国乡村以传统生物质和散煤为主的能源消费结构给乡村环境带来较大的污染，尤其是以燃煤采暖的北方乡村地区，散煤的燃烧成为雾霾的重要成因。针对乡村能源消费发展存在的突出问题，政府对城乡发展一体化、乡村能源供给侧结构性改革等重大问题做出了战略部署和规划。2014年6月，习近平总书记在中央财经第六次领导小组会议上提出了"四个革命、一个合作"战略思想，为我国未来能源的发展提出了纲领性目标。2015年12月12日，联合国气候变化大会在巴黎达成旨在控制全球变暖的最终协议，协议要求全球平均气温升高幅度需控制在2℃以内，并为把升温幅度控制在1.5℃以内而努力。作为全球第一大能源消费国，中国承诺二氧化碳排放2030年达到峰值并争取尽早达峰。国际气候变化协议的约束以及中国的国情决定了全国及乡村能源转型大趋势。2016年12月，习近平总书记又在中央财经领导小组第十四次会议上首次提出"乡村能源革命"，强调推进北方地区冬季清洁取暖，尽可能利用清洁能源，加快提高清洁供暖比重，加快推进畜禽养殖废弃物处理和资源优化。

2017年10月，党的十九大报告中提出要实施乡村振兴战略，2018年2月，中共中央、国务院以2018年中央一号文件印发了《关于实施乡村振兴战略的意见》，标志着我国农业乡村现代化建设开始提速。2018年7月，中共中央、国务院印发实施了《乡村振兴战略规划（2018—2022年）》，进一步阐释乡村能源革命的内涵，提出要构建乡村现代能源体系：优化乡村能源供给结构，大力发展太阳能、浅层地热能、生物质能等，因地制宜开发利用水能和风能。完善乡村能源基础设施网络，加快新一轮乡村电网升级改造，推动供气设施向乡村延伸。加快推进生物质热电联产、生物质供热、规模化生物质天然气和规模化大型沼气等燃料清洁化工程。推进乡村能源消费升级，大幅提高电能在乡村能源消费中的比重，加快实施北方乡村地区冬季清洁取暖，积极稳妥推进散煤替代，推广乡村绿色节能建筑和农用节能技术、产品。大力发展"互联网+"智慧能源，探索建设乡村能源革命示范区。北方地区乡村冬季取暖主要以燃煤为主，冬季取暖用煤占我国非发电用煤量的20%，约2.55亿t。虽然直接燃煤取暖的用煤量与发电用煤相比小很多，但是其污染物排放水平却是很高的，并且没有任何强制管理措施，因此，直接燃煤取暖是北方地区冬季雾霾严重的主要原因之一。

2020年9月，习近平总书记在第75届联合国大会一般性辩论上的讲话中宣示碳中和愿景，二氧化碳排放力争于2030年前达到峰值，努力争取2060年前实现碳中和。2021年3月，习近平总书记在中央财经委员会第九次会议上提出主要思路和举措，"十四五"是碳达峰的关键期、窗口期，目的是构建清洁低碳安全高效的能源体系，控制化石能源总量，着力提高利用效能，实施可再生能源替代行动，深化电力体制改革，构建以新能源为主体的新型电力系统。2021年12月，国家能源局、农业农村部、国家乡村振兴局印发了《加快农村能源转型发展助力乡村振兴的实施意见》，明确了到2025年的发展目标，即建成一批农村能源绿色低碳试点，风电、太阳能、生物质能、地热能等占农村能源的比重持续提升，农村电网保障能力进一步增强，分布式可再生能源发展壮大，绿色低碳新模式新业态得到广泛应用，新能源产业成为农村经济的重要补充和农民增收的重要渠道，绿色、多元的农村能源体系加快形成。

1.3 乡村电气化政策及成效

1.3.1 乡村电气化政策

2016年2月，国务院办公厅转发了国家发展改革委《关于"十三五"期间实施新一轮乡村电网改造升级工程意见的通知》（国办发〔2016〕9号），提出了实施新一轮农网改造升级工程的指导思想、主要目标、重点任务和保障措施，是实施新一轮乡村电网改造升级工程的指导性文件。该文件指出实施新一轮乡村电网改造升级工程，是加强乡村基础设施建设，加快城乡基本公共服务均等化进程的重要举措，对促进乡村消费升级、带动相关产业发展和拉动有效投资具有积极意义。

1. 新一轮乡村电网改造升级工程的主要目标

新一轮乡村电网改造升级工程的主要目标是2020年全国乡村地区基本实现稳定可靠的供电服务全覆盖，供电能力和服务水平明显提升，部分省份乡村用电可靠性达到99.9%，电压总体稳定合格率达到99.9%，户均配电变压器容量不低于2kVA，建成结构合理、技术先进、安全可靠、智能高效的现代乡村电网，电能在乡村家庭能源消费中的比重大幅提高。东部地区基本实现城乡供电服务均等化，中西部地区城乡供电服务差距大幅缩小，贫困及偏远少数民族地区乡村电网基本满足生产生活需要。县级供电企业基本建立现代企业制度。

2. 新一轮乡村电网改造升级工程的主要任务

（1）加快新型小城镇、中心村电网和农业生产供电设施改造升级，到2017年底，完成中心村电网改造升级，实现平原地区机井用电全覆盖。

（2）稳步推进乡村电网投资多元化，在做好电力普遍服务的前提下，结合售电侧改革拓宽融资渠道，探索通过政府和社会资本合作（PPP）等模式，运用商业机制引入社会资本参与乡村电网建设改造。

（3）开展西藏、新疆以及四川、云南、甘肃、青海四省藏区乡村电网建设攻坚，到2020年实现孤网县城联网或建成可再生能源局域电网，农牧区基本实现用电全覆盖。

（4）加快西部及贫困地区乡村电网改造升级，到2020年贫困地区供电服务水平接近本省（区、市）乡村平均水平。

（5）推进东中部地区城乡供电服务均等化进程。

3. 新一轮乡村电网改造升级工程的政策措施

新一轮乡村电网改造升级工程的政策措施主要是多渠道筹集资金，加强还贷资金管理，深化电力体制改革。要求各省（区、市）人民政府要将乡村电网改造升级作为扩大投资、改善民生的重要领域，纳入本地区经济社会发展总体部署；省（区、市）人民政府要在县级规划的基础上，组织编制本地区乡村电网改造升级5年规划、建立3年滚动项目储备库；各地区要建立监测评价体系，对乡村电网的建设投资、管理服务等进行考核评价，督促企业做好电力普遍服务。

为做好新一轮农网改造升级工程，国家能源局印发实施了6个文件，作为

《国务院办公厅转发国家发展改革委关于"十三五"期间实施新一轮农村电网改造升级工程意见的通知》(国办发〔2016〕9号)的配套文件,推进工程顺利实施。这6个文件分别是:《国家发展改革委办公厅关于做好"十三五"新一轮乡村电网改造升级规划编制工作有关要求的通知》(发改办能源〔2016〕585号)、《国家发展改革委国家能源局关于印发小城镇和中心村农网改造升级工程2016—2017年实施方案的通知》(发改能源〔2016〕580号)、《国家发展改革委、水利部、农业部、国家能源局关于印发农村机井通电工程2016—2017年实施方案的通知》(发改能源〔2016〕583号)、《国家发展改革委办公厅国家能源局综合司关于公布实施新一轮农网改造升级工程领导小组主要成员及实施单位责任人名单的通知》(发改办能源〔2016〕723号)、《国家发展改革委办公厅关于印发〈新一轮乡村电网改造升级项目管理办法〉的通知》(发改办能源〔2016〕671号)、《国家能源局关于印发〈新一轮乡村电网改造升级技术原则〉的通知》(国能新能〔2016〕73号)。

县级电网企业通过有限责任公司、股份有限公司等形式建立现代企业制度,到2020年全部取消"代管体制"。在有条件的地区开展县级电网企业股份制改革试点。"十二五"期间,共有15个省(区、市)的662个县级供电企业上划给国家电网有限公司和中国南方电网有限责任公司。代管县级供电企业减少到186个,主要在黑龙江和西藏,其中黑龙江131个、西藏50个。"十三五"期间全部取消"代管体制",通过划转、股份制改造等形式,建立资产明晰、权责明确、管理规范的县级供电企业现代企业制度,深化乡村电力体制改革,推进新一轮农网改造升级工程顺利实施。

1.3.2 乡村电气化成效

"十三五"以来,为推动我国西部贫困地区清洁能源开发外送,发挥电网投资拉动作用,建设了云南乌东德至广东广西、青海至河南、雅中至江西、陕北至湖北、云贵互联通道工程等一批直流输电工程,总投资合计约941亿元,输电能力约3500万kW,实现输送电量约1575亿kW·h。上述工程的建设能够不断扩大贫困地区清洁能源送出消纳,进一步推动东西部地区乡村振兴协作,将西部能源资源优势转化为经济优势，促进西部地区经济社会发展。

为加强贫困地区电网结构，扩大主网架覆盖范围，推动城镇配电网建设，满足电力负荷发展、电气化铁路供电、清洁供暖等多方面用电需求，2018年、2020年各省（区、市）分别开展了电网主网架规划调整工作，并将四川、云南、甘肃、西藏、青海、新疆等省（区）贫困地区的多项主网架工程纳入规划，保障当地电力安全可靠供应。2019年，能源乡村振兴力度进一步加大，提前一年完成新一轮农网升级改造，国家电网有限公司、中国南方电网有限责任公司供电区域农网供电可靠率分别达到99.815%和99.82%。

在增强电力（热力）供应保障能力，巩固化解煤电过剩产能工作成果的同时，优先考虑贫困地区煤电项目规划建设，持续巩固脱贫攻坚工作成果，具体包括：①指导地方同等条件下，优先安排乡村振兴项目规划建设，加快贫困地区电力项目建设，积极开展用工帮扶；②稳定有效投资，扩大产业乡村振兴效益；③从助力脱贫攻坚、保障电力（热力）供应、清洁取暖等方面考虑。

贫困地区煤电项目的建设投产，能有效拉动该地区投资增长，带动能源产业发展，因此，可以从以下几方面推进：①大力扶持贫困地区乡村水电开发；②加快推进贫困地区农网改造升级，全面提升农网供电能力和供电质量，制定贫困村通动力电规划，提升贫困地区电力普遍服务水平；③增加贫困地区年度发电指标；④提高贫困地区水电工程留存电量比例；⑤加快推进光伏乡村振兴工程，支持光伏发电设施接入电网运行，发展光伏农业。

2017年、2019年分别下达"十三五"第一、二批光伏乡村振兴项目，至2019年底光伏乡村振兴累计帮扶418万贫困户，涉及光伏乡村振兴规模2649万kW，每户每年可获得3000元左右光伏发电收益。

2017年底完成"乡村机井通电""小城镇中心村农网改造升级""贫困村通动力电"新一轮农网改造升级三大攻坚任务。贫困地区农网改造中央预算内投资力度加大。2019年下达农网改造升级中央投资计划361亿元，其中中央预算内投资140亿元，全部用于贫困地区，64.9%用于"三区三州"深度贫困地区，同比提升近14个百分点；将临夏、凉山、怒江"三州"的中央资本金比例由原来的20%提高至50%。2016—2019年，农网改造升级总投资约8300亿元，其中中央预算内投资435亿元，带动企业资金、银行资金以及地方财政资金等投入约7870亿元。国家电网有限公司累计安排农网改造升级投资6459亿元，中国南方电网有限责任公司累计安排农网改造升级投资1520亿元。据中国电力企业联合会数据，2019年全国第一产业用电量为780亿kW·h，近5年用电增长率分别为2.5%、5.3%、7.3%、8.99%、4.5%，增速始终高于或平于全社会用电量增速，充分显示了农网改造对乡村消费升级的促进作用。

第 2 章

乡村能源供需分析

乡村能源需求，指乡村居民生活、农业生产、乡村产业发展等方面对各类能源消费的需求。乡村能源消费的能源类型包括电力、煤炭、成品油等传统能源，秸秆、薪柴等传统生物质能和太阳能、地热能、沼气等可再生能源。其中，煤炭占主导地位，占乡村生活各类用能的33.8%，占农业生产各类用能的51.5%；现阶段可再生能源的占比仍然较低。近年来，面对国际气候变化和大气污染治理压力，中国加强了新乡村建设和美丽乡村建设，通过"外堵内消"措施，逐步取缔散烧煤，积极推进电能替代，促使乡村落后的用能方式、用能结构得到较大改善。

2.1 乡村生活能源需求

乡村生活消费的主要能源依次为煤炭、液化气、电能、柴油、汽油、太阳能、薪柴、沼气等，主要应用于炊事、取暖、生活热水、照明、家电、交通等方面。全国乡村生活中商品能源消费量占乡村生活用能的51.6%，非商品能源消费总量占48.4%。商品能源消费中煤炭消费量折合14530.1万t标准煤，占乡村生活用能消费量的33.8%；电力消费量1202.3亿kW·h，折合4027.8万t标准煤，占乡村生活用能消费量的9.4%；成品油消费量折合2232.7万t标准煤，占5.2%；液化石油气为1281.7t标准煤，占3.0%；天然气消费量折合106.3万t标准煤，占0.3%；煤气消费量折合13.9万t标准煤，占0.03%。非商品能源消费中秸秆消费量折合11959.8万t标准煤，占乡村生活用能消费量的27.8%；薪柴消费量折合6760.2万t标准煤，占15.7%；沼气消费量折合1107.0万t标准煤，占乡村生活用能消费总量的2.6%；太阳能利用量折合1009.8万t标准煤，占2.4%。总体而言，乡村生活用能中非商品能源消费比例依然很大，占比最大的依次是煤炭、秸秆、薪柴和电力等。

随着乡村电力普及率的提高及乡村家电数量和使用频率的增加，乡村户均能耗呈现快速增长趋势，按照中国乡村建筑平均能耗强度1303kg标准煤/户，目前北方乡村人均住房面积为38.9m²/人，在进行能源消费品种选择时，乡村家庭首要考虑的因素是满足需求，其次才是价格，最后是清洁环保问题。如何充分利用乡村地区各种可再生资源丰富的优势，通过解决方案在实现乡村生活水平提高的同时提升能效，加大非商品能源利用率，是乡村能源革命的关键问题。

以山东乡村电气化发展为例，山东经济社会快速发展，乡村生活水平不断提高，电力作为便捷的二次能源在乡村普遍使用，家庭普及率达到100%。乡村家庭用电设备主要为电视机、洗衣机、冰箱、空调、电热水器、电动自行车辆、电动三轮车、电灯等。电力成为乡村家庭主要消费能源，户均年电力消费2289kW·h（约1284元），1kW·h的电能，即俗称的1度电，相当于0.33kg标准煤。

山东乡村炊事方面，电力和液化气组合成为首选能源组合，乡村家庭炊事能源由"煤+薪柴"组合为主逐步向"电力+液化气"组合为主转变。液化气主要用于炊事，因为山东天然气管网设施无法全面覆盖乡村，乡村家庭炊事普遍使用罐装液化气，户均年消费90kg（约595元）。目前采用薪柴作为炊事能源主要集中在独居老人家庭，少部分采用秸秆、沼气为燃料，但限于原料收集与维护困难也少有使用。

山东冬季取暖主要使用煤炭，乡村每户平均4间房，需取暖4个月，户均年消费煤炭4t，平均500元/t（约2000元）。乡村散煤的单位排放强度远高于集中燃煤，如每吨乡村生活散煤平均排放约3.73kg的PM2.5，每吨电煤仅排放0.48kg的PM2.5；相较于集中燃煤，散煤点多面广、难以监管，且常使用灰分、硫分含量高的劣质煤，燃烧后往往缺乏脱硫、脱硝、除尘处理，对大气环境影响很大。太阳能是新能源的典型代表，目前乡村沐浴使用太阳能热水器相对普遍。

山东乡村交通用能主要为汽油，也有一定数量的电动自行车、电动三轮车及电动汽车。若以近距离出行为主的汽车为例，年消费汽油约500L，燃油费约3400元，而2021年山东省乡村居民人均可支配收入为11535元，燃油费用对于乡村平均收入而言占比过高，所以大多数农户以电动自行车及电动三轮车为出行工具，普通家庭电价以0.5元/（kW·h）计算，年均使用300kW·h，电动车日电费开销为0.5元，年电费成本150元，电代油可有效降低乡村生活的能源成本。

山东省乡村生活能源消费结构及成本如图2-1所示。从图2-1中可以看出，山东户均乡村生活消费总量为4135kg标准煤，年能源成本为3879元，从生活消费结构来看取暖煤炭、电力、和家用电力依次减少，薪柴、秸秆仅作为辅助能源。乡村贫困家庭冬季购买取暖煤炭的支出是能源首位支出。随着山东乡村生活水平提高，居住条件得到有效改善，秸秆、薪柴直接燃烧等低品质能源使用方式遭到摈弃，电代油、电代煤和电代柴有效推广，薪柴仅作为炊事的补充能源，使用人群、使用频次越来越少，乡村生活能源需求向清洁化方向发展。

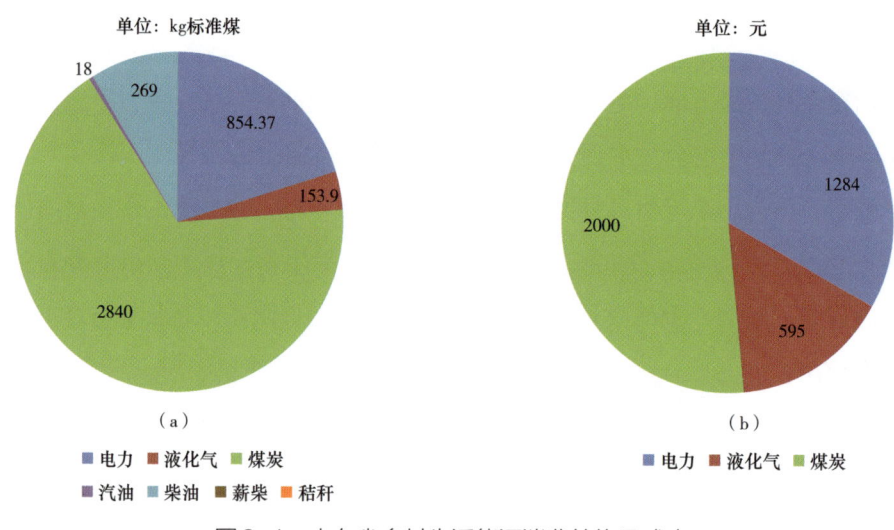

图2-1 山东省乡村生活能源消费结构及成本
（a）能源消耗量；（b）能源成本

2.2 农业生产能源需求

农业生产中的能源需求主要包括种植业、养殖业用能及农产品产地初加工用能等。农业生产用能中商品能源消费总量为2.96亿t标准煤，占农业生产用能的90.2%；非商品能源消费总量为0.32亿t标准煤，占农业生产用能的9.8%。商品能源消费中煤炭消费量折合16879.7万t标准煤，占农业生产用能消费量的51.5%；焦炭消费量折合1270.2万t标准煤，占3.9%；成品油消费量折合6492.2万t标准煤，占19.7%；电力消费量1485.5亿kW·h，折合4976.4万t标准煤，占15.1%。非商品能源消费中秸秆消费量折合1258.8万t标准煤，占农业生产用能消费量的3.8%；薪柴消费量折合1937.0万t标准煤，占5.9%。农业生产用能中商品能源占比大，其中占比最大的依次为煤炭、成品油和电力等，农业生产用能基本依存于国家统一能源供应体系。但在总体上，农业生产用能煤炭占主导地位，清洁能源和可再生能源占比较低。农业生产中的各类农业机械主要使用柴油，户均年消费量约0.2t，相当于294kg标准煤，随着乡村种植方式由传统的个体化、手工化种植向规模化、机械化转变，农业生产所需柴油需求也随之上升，未来也可部分替代为用电。随着农业生产电气化水平提高，农田机井通电工程完成，用电量也将随之上升，以种植业为主的农业生产能源需求主要为农业排灌用电和电动大棚卷帘用电，预计每年将保持3%~5%的增长速度。

农业生产用能场景有电气化大棚、电烤烟、电制茶、电排灌、水产养殖、粮食烘干等。其中电灌溉主要以电泵抽水，再根据不同农作物特性选择相应灌溉方式；企业化运作的农业养殖项目电气化相对农户散养较高，电气化设备差异较大。新种苗测试研发、良种繁育、农业生产及农产品加工方面的技术研发电气化要求较高。空气源热泵粮推广程度不高，特别是玉米烘干方面尚没有成熟的纯电力烘干技术。

2.3 乡村产业发展能源需求

具有中国特色的乡村产业，是基于中国基本国情农情、依托中国农业资源禀赋和比较优势、促进农业及相关产业创新融合协同发展的各行业统称。乡村产业涵盖农业、林业、牧业、渔业等第一产业，以农产品加工等为特色的第二产业，以及乡村休闲、旅游、文体等第三产业。发展乡村产业，既是中国农业高质量发展、农民就业增收、农村可持续发展的现实需要，也是顺应全球农业一体化趋势、提升中国农业国际竞争力的迫切需要。

2.3.1 乡村产业的发展方向

2020年7月，中国农业农村部印发了《全国乡村产业发展规划（2020—2025年）》（农产发〔2020〕4号）（以下简称《乡村产业发展规划》）。《乡村产业发展规划》提出，要发掘乡村功能价值，强化创新引领，突出集群成链，培育发展新动能，聚集资源要素，加快发展乡村产业，为农业农村现代化和乡村全面振兴奠定坚实基础。

《乡村产业发展规划》提出，到2025年，乡村产业体系健全完备，乡村产业质量效益明显提升，乡村就业结构更加优化，农民增收渠道持续拓宽，乡村产业内生动力持续增强；农产品加工业营业收入达到32万亿元，农产品加工业与农业总产值比达到2.8∶1，主要农产品加工转化率达到80%；培育一批产值超百亿元、千亿元优势特色产业集群；乡村休闲旅游业年接待游客人数超过40亿人次，经营收入超过1.2万亿元；农林牧渔专业及辅助性活动产值、农产品网络销售额均达到1万亿元。返乡入乡创新创业人员超过1500万人。

《乡村产业发展规划》明确要坚持立农为农、市场导向、融合发展、绿色引领和创新驱动，引导资源要素更多向乡村汇聚，加快农业与现代产业要素跨界配置，把二、三产业留在乡村，把就业创业机会和产业链增值收益更多留给农民。

根据《乡村产业发展规划》，乡村产业发展主要有以下6个重点任务。

（1）提升农产品加工业。统筹发展农产品初加工、精深加工和综合利用加工，支持农产品加工向产地下沉，与销区对接，向园区集中，推进加工技术创新、加工装备创制。建设一批农产品加工园和技术集成基地。

（2）拓展乡村特色产业。以拓展二、三产业为重点发展全产业链，建设"一村一品"示范村镇、农业产业强镇、现代农业产业园和优势特色产业集群，构建乡村产业"圈"状发展格局，培育知名品牌，深入推进产业乡村振兴。

（3）优化乡村休闲旅游业。聚焦重点区域，注重品质提升，突出特色化、差异化和多样化发展，打造精品工程，建设休闲农业重点县、美丽休闲乡村和休闲农业园区，推介乡村旅游精品景点线路，提升服务水平。

（4）发展乡村新型服务业。扩大生产性服务业领域，提高服务水平，丰富生活性服务业内容，创新服务方式，发展农村电子商务，培育主体、扩大应用、改善环境。

（5）推进农业产业化和农村产业融合发展。打造农业产业化升级版，壮大农业产业化龙头企业队伍、培育农业产业化联合体，推进农业产业融合发展，培育多元融合主体，发展多类型融合业态，建立健全融合机制。

（6）推进农村创新创业。培育返乡、入乡、在乡创业主体，建设农村创新创业典型县、农村创新创业园区、孵化实训基地等平台，强化创业指导，优化创业环境，培育乡村企业家队伍。

2.3.2 乡村产业的能源问题与需求分析

1. 能源问题

受农村经济社会发展水平和地理气候自然条件等因素制约，乡村产业能源供需仍存在以下突出问题。

（1）乡村能源消耗在全国能源消费中所占比例较低，乡村能源消耗中的商品能源仅占全部能源消费的2/3左右，乡村能源供给不足，消费需求难以得到有效满足。

（2）大量劣质散煤的利用导致污染物排放严重。尤其是中国北方供暖季，农村地区燃煤使用总量大、时间集中、排放分散，不加装任何脱硫除尘装置，污染物排放严重。

（3）农村可再生能源的开发成本大幅下降，但如果沿用不计化石能源外部性成本的经济评价体系，可再生能源短期内很难有比较优势。另外，与可再生能源相关的智能电网、储能等技术成本依然过高。

（4）能源基础设施落后导致乡村能源服务能力不足。农村人口分散化特征较为明显，集中的乡村能源市场难以形成，造成能源基础设施的建设、运营和管理成本较高。

2. 需求分析

乡村能源是中国能源体系的重要组成部分，发展乡村产业能源根本上就是要优化农村用能结构、提高农村用能效率、保障农民能源公平、消除农村地区能源贫困。发展乡村能源也是保护乡村生态环境、完善农村基础设施的重要手段。同时，开发乡村能源可服务国家能源安全，推进能源供给多样化。发展乡村能源主要有以下几方面的现实需求。

（1）明确战略定位，强化顶层设计。乡村能源是关系国计民生的重大战略问题，发展乡村能源意义重大，从国家层面上需进一步明确乡村能源发展的重要战略地位。另外，顶层设计与专项规划是乡村能源走上持续、快速、健康发展轨道的基础保障，强化顶层设计、出台发展规划或行动计划是当前乡村能源发展的客观需要。

（2）落实重点任务，助力"三农"发展。压减劣质散煤、开发可再生能源、能源化资源化综合利用固废生物质是当前乡村能源发展的三大战略性重点任务。落实三大任务，不仅有利于保护农业生态、改善农村环境，还可以通过可再生能源开发，活跃农村经济，促进农民就地就近就业，助力精确乡村振兴。

（3）强化条件支撑，提升服务能力。乡村能源发展首先需要技术和资金投入，当前乡村能源基础设施薄弱，条件支撑不到位，能源普遍服务能力差。加强乡村能源基础设施建设，并形成科学完善的技术研发体系和社会化服务体系，可为提升乡村能源服务能力提供重要的物质基础和智力支持。

3. 发展建议

为解决乡村产业能源的问题和需求，建议下一步乡村能源发展包括以下几个方面。

（1）因地制宜发展生物质能、太阳能、风能、地热能等多能互补的分布式能源系统；以供热为核心的乡村能源开发利用技术，是北方供暖地区近期乡村能源技术发展的重点；生物质液体燃料技术优势突出，是乡村能源中长期战略重点；以沼气和热解多联产为核心的生物质能源化资源化综合利用技术，具有优化能源结构、改善生态环境、发展循环经济的多重作用，是农村生物质能利用的重要方向。

（2）持续提升农村电网供电保障能力，满足大规模分布式新能源接入和乡村生产生活电气化需求。

（3）开源与节流并举，农村节能，尤其是农村建筑节能、炉具节能技术推广不容忽视。

第 3 章

乡村电气化与能源转型关键应用技术

3.1 乡村清洁取暖技术

我国每年消耗散煤约7~8亿t，约占煤炭消费总量的20%。用于取暖所消耗的标准煤占散煤燃烧的一半，农村是散煤的主要应用区域。北方城镇供暖面积呈快速增长趋势。供暖方式包括集中供暖和分散式供暖，其中分散式供暖消耗大量散煤，因此减少小型燃煤锅炉房是实施北方清洁供暖的重要举措。针对北方供热污染，清洁供暖以替代散煤燃烧为主，主要是围绕着"煤改电""煤改气"，对具备电供暖条件的，"宜集中则集中、宜分散则分散"，通过蓄热电锅炉、空气源热泵、热膜、发热电缆、碳晶等多种形式实行清洁供暖。清洁供暖技术一般可分为电供暖技术、燃气供暖技术、热泵供暖技术等。

电供暖技术即是利用电能转换为热能，电直接取暖方式主要有电锅炉、电暖器、电热膜、电缆加热等。电锅炉以水为介质，通过电加热管使水温升高，从而在室内循环热水释放热能。电暖器、电热膜等是直接在电源上安装散热装置实现室内取暖。其中热泵供暖是电力驱动间接取暖的方式，一般归结为空气能、地热能的利用。从供电可靠性方面来看，在电网检修或电力故障期间，供暖可靠性由电网决定，从而增加供电服务的压力。针对"煤改电"的区域或乡村，将在配电网层面增加电网配套投资。

燃气供暖技术一般包括燃气锅炉、燃气壁挂炉等，燃气锅炉用于集中供热，燃气壁挂炉一般用于单户用热。

用于供暖的热泵技术一般包括空气源热泵和地源热泵，其末端散热设备一般采用辐射地板。热泵技术是利用逆卡诺循环，空气源热泵全年平均能效比（Coefficient of Performance，CoP）值一般可达3以上，地源热泵的CoP值一般为3.5~5，CoP值和室外环境、土壤温度相关性较大。

太阳能作为可再生能源越来越受到大家的重视，利用方式包括光伏发电、光热发电、热利用等，由于太阳能的间歇性，一般需与不同供暖技术相结合使用，从而提高可再生能源的利用比例。太阳能的利用方式一般包括：太阳能辅助电供暖、太阳能辅助空气源热泵、太阳能辅助地源热泵、太阳能辅助燃气供暖、太阳能辅助燃煤锅炉供暖等。

根据公开资料整理，截至2018年底，京津冀及周边地区、汾渭平原共完成清洁取暖改造1372.65万户，北方7省（市）完成清洁取暖情况（2018年数据）见表3-1，从采用的技术方案看，试点城市主要采用的清洁热源替代方式以"煤改气""煤改电"为主。从试点城市的清洁取暖工作进度来看，2018年，北京市在完成312个村12.26万户清洁取暖改造任务的基础上，超额完成了山区163个村5.74万户配套电网改通，全市平原地区基本实现"无煤化"。从计划任务层面来看，河北省的工作量最大，同时河北也是完成规模最大的省份，清洁取暖改造规模约占重点省市规模的30%。根据2021年底的数据显示，2800多万户农村居民已告别烟熏火燎的取暖方式。

表3-1　　北方7省（市）完成清洁取暖情况（2018年数据）

序号	地区	计划任务/万户	完成情况/万户		
			煤改气	煤改电热或煤改热泵	总计
1	北京	72	17.5	68.4	85.9
2	天津	120	40.5	19.7	60.2
3	河北	1133	448.3	56.2	504.5
4	山西	611	76.6	15.5	92.1
5	山东	594	92.8	88.4	181.2
6	河南	503	15.1	287.1	302.2
7	陕西	362	136.32	16.23	146.55
	合计	3395	824.12	548.53	1272.65

从完成情况来看，河南达到60%，天津、河北完成50%左右，其中天津、河北、陕西、山西清洁取暖以"煤改气"为主要方式，河南以"煤改热"或"煤改热泵"为主。

3.2 农村产业用电技术

农村产业用电技术一般指农村产业电气化场景的设备用电。而农村产业电气化场景一般可以包括电气化大棚、电烤烟、电制茶、全电民宿、电采暖、电排灌、农业养殖、水产养殖、乡村智慧家庭等，不同电气化项目的建设基本由客户业主投资，电网公司按照现有电网建设投资管理政策建设配电网络、公用变压器与计量设施。电气化大棚的主要用电设备有电通风、电卷帘、电补光、电喷淋（灌溉、农药）、电控温等设备，电气化程度较高。电烤烟主要是用煤烘烤或空气源热泵，目前相关项目基本还是采用煤烘烤，而且烟草公司考虑到成本、政策推进力度和种植面积的顾虑，电气化改造进度和主观意愿不强。大规模种茶业主能实现电气化，部分乡村个体茶农都是统一卖给附近合作社进行煤烘干，部分村庄建有统一委托加工作坊，基本能满足周边茶农需求，存量加工设备改造难度较大。电气化民宿一般都是依托景点建设，人流量较大，直接面向消费者，电气化水平较高，但烹饪仍然以燃气为主。养殖类主要用电设备有用于加热的电锅炉、地源热泵、电增氧机、电水泵、电投食机、照明、紫外线杀菌等。

3.3 生物质综合利用技术

我国各类生物质资源总量丰富，应充分发挥生物质资源可作为燃料的零排放可再生能源这一特有优势，和光电、风电、水电等可再生电力一起，构建我国以可再生能源为主体的全新供应体系。

将生物质加工为成型燃料来替代乡村散煤燃烧在减少化石能耗、温室气体和污染物排放等方面都具有巨大优势，应该成为未来生物质消纳的主体路径，同时辅助生物天然气工程、秸秆热解气化多联产等技术方案，最终形成生物质的低碳化消纳路径，为此需要从以下几个方面开展工作，逐渐形成突破。

1. 生物质成型燃料+专用炉具分散式清洁取暖工程

为有效治理雾霾，应对气候变化，促进生态文明建设，以生物质成型燃料作为绿色低碳发展的重要抓手，加快生物质能在民用清洁取暖领域的应用，构建分散式绿色低碳清洁环保供暖体系。根据生物质资源禀赋，建立健全生物质资源的原料收集、运输、储存、预处理到成型燃料生产、配送、应用的整个产业链。在人口居住分散、不宜铺设燃气管网的乡村地区，因地制宜推广乡村户用成型燃料炉具，解决户用炊事及取暖用能。

2. 生物质成型燃料+专用锅炉分布式供热工程

在大气污染形势严峻、淘汰燃煤锅炉任务较重的京津冀鲁、长三角、珠三角、东北等区域，以及散煤消费较多的县域学校、医院、宾馆、写字楼等公共设施和商业设施，以及乡村城镇等人口聚集区，加快发展生物质成型燃料锅炉或秸秆直燃锅炉等区域集中供热，建立分布式生物质供热体系。

3. 林热一体化生态工程

坚持与生态防护、产业乡村振兴相结合，充分利用现有灌木林、薪炭林、林业剩余物、木本油料林和含淀粉类林业资源，并适度利用宜林荒山荒地及边际性土地，重点布局在"三北"地区（西北、华北北部和东北西部地区），结合生态建设和治沙，培育以灌木林为主的木质能源林，树种包括沙棘、柠条、黄柳、山杏、山桃、沙柳、怪柳等。在内蒙古、吉林、黑龙江、宁夏等地区地处偏远、林业剩余物资源较为丰富的林区、沙区、木材加工集中地，开展分布式林热一体化示范，探索能源林基地建设、现代化原料收集体系与分布式供热相结合的产业化模式，生产热、炭、电、气等多种产品。

4. 种养结合规模化生物天然气工程

在农业生物质资源丰富、地势易于铺设燃气管网、农民经济条件较好、居住较为集中的乡镇或较大的村庄，推广沼气集中供气工程，加快构建新型乡村社区配套的分布式生物能源体系，为乡村居民提供高品位的清洁能源，提高乡村居民生活质量，改善居住环境，推动绿色、健康、生态文明的新型乡村社区建设。尤其应在水稻秸秆资源丰富的地区，通过将稻草进行有组织的集中式发酵生产生物天然气，来解决其直接还田所带来的温室气体无组织排放问题。在具备资源、市场等条件的地区，建设大型混合原料生物天然气综合利用产业示范区，将提纯后的生物天然气输入城市天然气管道网络或作为城市公共交通车辆燃料。在乡镇布设沼气供应服务站点，以供应罐装沼气的方式为周边居民提供生活燃气，沼肥可生产有机肥，提高能源利用效率。从减少温室气体排放的角度尤其应该注意的是严格控制各个环节的沼气泄漏量，并且提高燃烧效率，这样可以确保生物质中的碳元素最大限度地向CO_2转化。

5. 秸秆热解气化多联产还田改土工程

根据各地农业生产特点和清洁能源需求，立足生物质资源禀赋与社会经济发展水平，主要在北方冬季取暖地区和粮棉主产省（区）以县为单位规划实施秸秆热解气化多联产工程，生产电、气、炭、油等多种产品，推动生物质综合利用高值化、产业化发展。气化后形成的生物碳具有很强的惰性，在土壤中可以存在上千年，相当于延长和提升了土壤的固碳作用。

3.4 乡村住宅建筑节能技术

让农民用上安全电、可靠电、优质电、经济电需要全面实施乡村电气化工程。而乡村电气化发展离不开乡村建筑的用能与节能技术的进步。关于乡村住宅建设与节能的关系，主要包括以下3个方面。

（1）住宅的建筑形式与节能减排的关系。主要从住宅的功能、造型、材料使用和能源使用方面进行创新和改造，在建筑形态和结构上进行控制管理达到节能减排的目的。比如，将单层墙外墙的结构变为双层墙，房屋内部设计成植物性室内环境，使用泡沫等保温材料进行装饰，对门窗墙体的保温效果进行合理优化设计，从房屋的体型、方位、开间大小、朝向等方面综合考虑达到最佳的保温优化等措施，进而达到节能减排的目的。

（2）住宅辅助措施和节能的关系。主要从乡村住宅的太阳能辅助设施一体化设计进行。太阳能的开发和利用是解决能源危机，实现节能减排的理想办法。在我国，被动式太阳能取暖建筑得到了较好的推广和使用。推广"太阳能建筑一体化"，以建筑功能为中心，辅以太阳能设施，可达到节能减排的目的。

（3）利用各种节能设施在建筑使用时达到节能目的。如被动式太阳房的建设，还有国家大力推广的天然气采暖炉等，目的是在建筑的居住过程中，降低能源消耗，实现新乡村节能环保型住宅的建设。

3.4.1 乡村建筑节能措施

1. 建筑形式与节能

就目前乡村的居住形势而言，乡村建筑还是以单个农户为单位，大都是以平房带院落的形式进行设计建设，这种形式的弊端就是占地较大，建筑本身表面积大，造成了房屋散热快，十分不利于寒冷的冬季。在建筑形式上如果可以采取建设多户毗邻式二层住宅，既不失传统独门独院的生活习惯，又节约了大量的土地以及建筑材料，同时减少了墙体的散热面积，进而降低了冬季供暖时的热源需要。从农户角度分析，这种形式是乡村地区可选择的较为理想的建筑形式。从国家角度分析，这种形式是节约土地，减少碳排放的良策，是节能减排利国利民的好方略。从建筑的材料使用方面进行节能，可以采用大量的复合型保温材料，对建筑本身的隔热保温性能进行加强。在建筑的建造方法上可以采用装配式建筑建设方式，利用装配式建筑的高材料利用率、回收率，从而降低房屋建设时建材的浪费占比，降低建筑施工过程中对环境产生的污染，达到建设乡村节能型住宅建筑的目的。

2. 辅助设施与节能

在我国乡村地区，国家为了提高乡村人口的生活水平，尽管居住分散，仍然为在此的居民进行上下水集中供给和集中供暖工作，从根本上改善了乡村居住人口的生活质量。

这里重点分析一下乡村节能住宅中利用建筑辅助设施进行集中供暖的问题。在以往，乡村多以燃烧农作物的秸秆进行取暖、做饭维系日常生活，这种粗放的取暖做法既浪费了农作物秸秆的有机成分，又造成了环境污染。如何充分利用秸秆的热效率，同时也充分利用其有机成分成为许多科研工作人员的研究课题之一。现在秸秆的绿色处理有两种形式进行推广：①以家庭为单位进行沼气池的建设，既为家庭供暖提供了燃料，又可以提供足够的有机肥进行农业生产使用，在许多乡村都已经采用；②以村为单位进行生物质气化站，这是沼气池规模化建设的应用，以秸秆为原料经生物质气化站进行加工转为土煤气，经过管线输送到村内各户人家，农户可以用它进行做饭取暖。

太阳能辅助设施在节能住宅中也有着广泛的应用。太阳能热水器的推广解决了乡村居民利用煤气热水器不安全的问题；太阳能路灯的建设，为乡村公共设施建设进行了节能改革。家用太阳能供电系统为乡村节能住宅增添了科技感，在保障乡村居民日常生活安全用电的前提下，进行了房屋保温层的巩固，为乡村节能住宅的建设提供了科技保障。

3. 节能设施与节能技术

从目前乡村的经济现状来看，应当采用建筑成本较低、节能效果相对显著的节能设施对乡村节能型住宅建筑进行改造，虽然这种节能设施的一次性投入较高，但是可以降低建筑的采暖需求，进而降低乡村建筑全面采暖能耗以及燃料费用，所以其净效益在使用过程中相当可观，一次性投资超出的成本可以在两到三年内进行"节约回收"，因此可以进行大规模推广。

（1）被动式太阳房。房间朝向尽可以朝南或者偏东偏西，开间角度不宜大于150°，房间朝阳内外墙体使用深色吸热性能较好的涂料，房间窗下及窗间墙外200mm处罩深色玻璃，冬季当空气夹层温度高于室内温度时开启，这样密度大的冷空气不断从室内进入夹流层，密度小的热空气从夹流层进入到室内，使室内的温度不断升高，这种墙体被统称为集热墙体。一般来讲仅被动式太阳房这一项就可以在冬季提高室内温度10℃左右，节省了很多供热燃料，闲暇时间可以将换气口关闭当作房屋隔热层，使房间冬暖夏凉，一举两得。

（2）燃气管道与燃气炉灶。燃气管道的铺设，高性能燃气壁挂炉的使用使得乡村居民在做饭方面取得了很大程度上的节能效果，干净卫生的燃气炉灶代替了传统的煤炉灶和干柴炉灶，让乡村居民生活得到了质的提升，在日常生活中达到节能减排的目的。

3.4.2 乡村建筑用能技术

1. 乡村建筑清洁用能技术

（1）太阳能。

1）太阳能热水系统。太阳能集热器是太阳能热水系统中最重要的元器件，其将太阳辐射从光能转化成热能。但是，太阳能集热器只能在有太阳辐射的时段内工作，无法在夜晚或阴雨天气提供热水，具有一定的局限性。因此，需要为太阳能系统提供辅助能源设备，使太阳能热水系统在无法获得太阳能时仍能为用户提供热水。常用的辅助能源加热方式有电加热、燃气加热等。在乡村地区可采用生物质燃料作为辅助能源。

2）太阳能采暖系统。太阳能采暖系统是利用太阳能集热器收集太阳能并结合辅助能源满足采暖和热水供热需求的系统，因此常称为太阳能联合系统。太阳能采暖根据传热工质的不同可分为太阳能热水采暖与太阳能空气采暖。在乡村地区，部分家庭仍保留着传统火炕的局部采暖方式。可将传统火炕改造成太阳能炕，冬天进行采暖，夏天提供生活热水。该系统将集热设施与传统火炕相结合，利用炕体作为末端向室内辐射采暖，一方面保持了传统，另一方面提高了采暖效率以及室内的舒适度。

（2）生物质能。乡村地区，主要的生物质能有农业秸秆、林业枝条以及禽畜粪便。

1）生物质固化成型。生物质资源大多密度较大且热值较低，如农作物秸秆等，具有运输不便、存储空间大、燃烧热值低等问题。因此通过专门的设备以及特殊的工艺，将松散、热值较小的生物质资源制成块状或颗粒，使其便于运输、存储，同时拥有较大的热值。生物质资源在固化成型之后，可直接作为采暖、炊事、生活热水等使用，或与煤等燃料结合使用，是一种经济环保的利用方式。

2）生物质气化利用。生物质气化利用主要有两种形式：①禽畜粪便或农作物秸秆等厌氧消化制成沼气；②高温分解生物质为可燃气体。前一种利用形式已经非常成熟，在乡村地区已被广泛利用；后一种利用形式则因为如何处理制气过程中所产生的焦油这一问题尚未解决，其被广泛利用仍需时日。目前，我国对于气化利用主要集中在生物质气化发电和乡村燃气利用两方面。除了已经成熟的沼气利用技术外，应在乡村地区大力发展秸秆气化炉或集中供气站，提高生物质资源的利用效率，改变低效率的秸秆直燃方式，改善乡村的生态环境。

（3）太阳能与生物质能结合。太阳能与生物质能利用各有优势，同时也存在如太阳能受夜晚及阴雨天气的影响较大等不足。若可以将两者的利用形式进行集成，取长补短，则可以有效地提高两者的利用效率。目前有以下两种互补利用形式。

1）太阳能热水与生物气化炉。太阳能集热器无法在夜晚或阴雨天气里工作，此时利用生物气化炉作为辅助能源设备，对储热水箱的水介质进行加热，以保证正常的生活热水使用。

2）太阳能热水与沼气。在冬季，由于气温较低导致沼气无法发酵，此时可利用太阳能热水对沼气池进行加热，以满足沼气发酵需求。夜晚，产生的沼气可作为太阳能热水系统的辅助能源使用。

2. 乡村建筑节能建议

通过分析国内不同地区农村住宅建筑特点，可总结出如下节能建议。

（1）建筑设计宜联排布置或多层建设。因农村建筑独特的南北窄长基地限制，建筑开间多为10m左右，因此为减少建筑表面积，避免过大的散热面，建筑宜联排布置或多层建设。增大层高虽然能减小表面积，但不利于节能，乡村地区居住建筑的层高应在3.0m左右为宜。

（2）建筑设计应合理进行热环境分区，将对室内热环境要求较高的客厅卧室布置在南向；将卫生间、厨房、储藏室等辅助房间布置在北向作为缓冲区域。南向方形客厅建筑能耗低于大进深或大开间客厅。简易附加阳光间可以大幅度减低建筑能耗，且阳光间的宽度越小，效果越好。因此在阳光间的设计中应结合建筑功能的使用设计其宽度，在1.0~1.5m为宜。

（3）建筑的南向窗墙比越大，建筑的采暖耗能量越低，制冷耗能量越高，总耗能量升高。窗墙比在小于0.3时，建筑耗能量变化缓慢，大于0.3时，建筑耗能量增加较快。因此乡村近零能耗居住建筑设计南向窗墙比不应大于0.3。北向窗为失热构件，窗墙比越大，散热量越大，建筑能耗就越大，因此北向窗墙比应在满足采光和通风的基础上尽量小。

（4）建筑外墙未来可选的主体材料有草砖和烧结多孔砖。外墙和屋面宜增加保温层。乡村近零能耗居住建筑可选的保温材料有草板、岩棉板、EPS（可发性聚苯乙烯）板等。240mm厚的烧结多孔砖墙加100mm厚的草板或40mm厚EPS板即可满足《农村居住建筑节能设计标准》(GB/T 50824—2013)中对寒冷地区乡村居住建筑外墙传热系数小于等于0.65W/（m²·K）的要求。屋面构造选择180mm厚的草板或80mm厚的EPS板，即可满足GB/T 50824—2013中对寒冷地区乡村居住建筑的外墙传热系数小于等于0.50W/（m²·K）的要求。外窗宜选用塑料窗框，玻璃宜选用中空玻璃。

（5）乡村夏季炎热，需对建筑进行遮阳设计。遮阳应因地制宜，选择经济高效的遮阳形式。水平板外遮阳可大幅降低制冷能耗。另外，结合建筑体形及绿化设计同样可以达到遮阳降温效果。同样，夜间通风节能潜力巨大，当夜间通风换气次数为10.0次/h时，制冷能耗可降低26.1%。

3.5 新型乡村综合能源站

乡村具有资源丰富、用能分散、需求各异等特点，是综合能源发展的重要场景。其中生物质资源（包括薪柴、林业废料、秸秆、农作物废料、能源植物、固体废弃物、污水废水、畜禽粪便等）主要分布在东部、东北等地区，水电资源主要分布在西南、东北等地区，太阳能资源主要分布在西北、西藏等地区，风能资源主要分布在西北、北部和东北沿海地区。分布式能源的开发利用需考虑地理特点、资源禀赋、生活方式、生产结构、用能特点、经济水平等因素，满足经济性、稳定性、便捷性、环保性的用能需求。乡村一般是农业生物质+风/光/水等，偏远牧/林区一般为林业生物质+风/光等，边防地区、海岛一般为风光柴储等。

利用电、气、热、冷等不同能源形式的多时间尺度、可替代存储、需求时移等特性，在有多种能源需求的乡村建设包括热泵、三联供、能源路由器、储能、蓄冷蓄热等多种形式的综合能源站，实现面向乡村用能侧的多能耦合互补供应，提升综合能源利用效率。充分考虑农村用户的多样化需求与多元化类型，建成含分布式能源、电动汽车、多能用能设备、多能储能的"源—网—荷—储"协同的用能系统，提升系统运行的可靠性、灵活性。

3.6 农网规划设计

由于未来电网将接入大量分布式光伏和多种新能源，农村配电系统将由原来的放射状无源网络变为具有大量分布式电源的有源网络，电网的物理特性将发生较大变化。因此，传统意义上的农村电网必然无法适应大规模的间歇性分布式电源的广泛接入，未来，农村电网也将面临新的挑战。在局部以农村电网为主的地区，由于区域负荷特性与光伏、风电等电源出力特性不匹配，导致消纳存在困难，需要进行改造提升或新增变电容量。传统农村配电网一般不考虑双侧或多侧电源情况，配置电流保护大部分为无方向过流保护。由于传统农村电网没有储能装备，会导致局部地区光伏发电高峰与用电高峰的错位，电网调峰难度加大，节假日期间尤为突出。

农网规划设计统筹考虑新型家用电器设备、电动车，考虑分布式能源接入；需求侧与供给侧的匹配，结合整县光伏推进计划，利用优化规划理论、数据库技术、地理信息系统等先进的优化算法、计算机工具和网络技术实现规划数据管理、统计计算、优化规划功能，提供先进的辅助分析决策手段，并结合规划经验，制定较为科学合理并具有一定深度的农网规划。农网规划的主要内容为：综合考虑设备可用性、使用年限、故障率、供电区负荷特性等因素，在分层次、分区域进行各级电网现状分析的基础上，进行各电压等级、功能分区的短期、中期及长期负荷预测，以可靠性、年运行费用、线损率综合最优为规划目标，以电压损耗、供电能力及电网安全性等条件为约束，对农网各规划水平年的变电站分布、网架结构等进行优化规划并提出过渡方案。

3.7 "源—网—荷—储"技术

"源—网—荷—储"技术要考虑农村电网的安全、经济运行，在电网安全和优质运行的条件下，利用系统内部的能源和设备，采取各种技术和管理手段，达到节能与优化运行的目的，主要措施如下。

（1）积极开展负荷预测，提高专业信息和数据分析的能力，为安全生产和经济运行提供必要的辅助决策。

（2）合理调整负荷曲线，利用储能等灵活资源，采取削峰填谷的方法，提高系统能源利用效率。

（3）根据分布式可再生能源发电特性，安排用电大户在中午、深夜用电，提高负荷率。

（4）利用峰谷电价，采用需求响应等经济手段对负荷进行优化管理。

（5）编制电网的经济运行方案，根据线路经济运行方案和变电站主变压器经济运行曲线，确定最经济、安全的运行方式。

"源—网—荷—储"技术通过发电侧、输配侧、负荷侧、储能侧的协同运行，可以实现能源资源的最大化利用，有利于提高可再生能源的消纳能力，减少发电侧的能源消耗，促进电网的削峰填谷水平，保障电网的安全运行，提高用电满意度。"源—网—荷—储"技术具有清洁低碳、安全高效、灵活可控、开放共享、智能友好的特征，是实现电力系统高质量发展的客观需要，对于促进电力系统安全、经济、低碳运行和推动新型电力系统建设具有重要意义。

第 4 章

乡村电气化典型应用场景

4.1 农业生产电气化

在农业种植方面，对具备条件的地区，推广农田机井电排灌、农业大棚电保温，推动打造电气化示范大棚。利用电动通风、电动卷帘、电动喷淋、电补光、电动控温、水肥一体机等电气化设备，控制调节大棚光照、温度、湿度等农作物生长环境，辅助灌溉、施肥、除虫等作业。配备空气温湿度、太阳辐射、二氧化碳一体化多参数感知设备，利用温室环境控制装置、水肥智能控制装置、一体化无线网络传输等系列设备，提升了农业种植自动化水平。

在畜牧养殖方面，对畜牧饲养喂食、清粪、除菌、集蛋等环节推广应用了电孵化、热泵、电保温、电循环风、电孵化、自动喂食、自动清粪等技术，配置全自动料线、乳头水线、降温湿帘、纵向通风系统，以电气化升级推动养殖业现代化转型。

在水产养殖方面，水产增氧、水循环等环节实现电能替代新技术，推动打造全电气化虾稻共生养殖示范基地；助力海产品电加热育种示范基地试点建设，推动建设电孵化室，服务农牧渔业升级。

在粮食存储、农业经济作物生产基地，推广各种类型电烘干、电加工技术，助力农产品多层次、多环节转化增值。利用电气化设备对蔬菜及水果等农产品进行加热烘干、冷藏、速冻、冷运及净菜处理，推动建设蔬菜水果深加工。农产品加工方面，对粮食加工、干货加工集中地区推广电烘干技术，服务家庭农场、种粮大户、专业合作社等农业加工用能需求，打造农田空气源热泵粮食电烘干示范基地，推动大型木材加工企业实施热泵烘干技术改造。

在农产品仓储物流方面，推广保鲜冷链运输温度控制、保温数字化控制技术和冷库使用热泵、冰蓄冷等制冷技术，提供加工、保鲜、包装、传送等全产业链"一条龙"的电能替代服务。农业科技创新方面，推动建立全电化农业科技创新基地，促进农业科技成果快速转化应用。服务农产品加工及仓储物流升级。

4.1.1 电气化灌溉

电气化灌溉具有低能耗、无污染、高效率、高可靠性等优点，可广泛应用于农田排灌、喷灌、园林喷浇灌、水塔送水、抗洪排涝等领域。农业电气化灌溉技术是以电力为基础驱动水泵代替机械或燃油动力，是农业生产、抗旱、排涝的重要设施，该技术利用电动机带动水泵，进行抽水排涝、引水灌溉等农业用水资源的调配，如图4-1所示。

图4-1 农业电气化灌溉

电力排灌站的能耗与泵的型式、管路的几何尺寸、动力设备的类型和参数、供电设备以及无功补偿的方式有关。根据电力排灌站安装的电动机单机容量额定电压、台数和供电网的情况来确定供电网、电气主接线、输送距离及输送容量的关系。

排灌站的最主要设备是水泵及与之配套的动力机，称为主机组。水泵主要采用叶片式水泵，包括混流泵、离心泵、轴流泵3种类型。水泵是电力排灌泵站中的重要组成部分之一，它的能耗高低直接关系着泵站的总体能耗。为此，必须对水泵的选型予以足够的重视。在水泵选型的过程中要注意：①要结合排灌任务的具体要求选择高效的水泵型号；②要确保所选的水泵价格低、质量好、效率高。如果水泵选择不合理，不但无法满足排灌要求，而且还会导致能源浪费。

4.1.2 电气化蔬菜大棚

蔬菜大棚是一种具有出色保温性能的框架覆膜结构，作物大棚使用竹结构或者钢结构的骨架，上面覆上一层或多层保温塑料膜形成温室空间。外膜能很好地阻止内部农作物生长所需要的二氧化碳的流失，使棚内作物能够得到较好的生长环境，具有良好的保温效果。大棚投资主体主要有个体农户、村集体与私营企业3种。

电气化程度高的蔬菜大棚一般是企业或合作建设，主要用于育苗、旅游、观赏植物、技术研发，高电气化蔬菜大棚初始投资高、自动化程度高、产出好。电气化程度一般的大棚由个体农户或村集体建设，主要种植蔬菜、经济作物等，此类大棚人力成本高，自动化程度一般，产出相对好。电气化程度低的大棚由个体农户建设，主要种植对温度要求不高的农作物，这类大棚初始投资低，自动化程度低，产出一般。

电气化蔬菜大棚常用用电设备有电通风、电卷帘、电补光、电喷淋（灌溉、农药）、电控温、水肥一体机等设备。通过采集温度、湿度、光照强度、电量等信息，对大棚数据进行集中处理和分析，农户可以实时进行远程浇水、施肥、控温等操作，实现对大棚内相关电气化设备的智能控制和用能分析，达到电、水、化肥、农药等精准使用的效果。

光伏蔬菜大棚是在普通作物大棚的顶部安装太阳能薄膜电池板，利用太阳光能，将太阳辐射分为植物需要的光能和太阳能发电的光能，既满足了植物生长的需要，又实现了光电转换，既能发电又能种菜，一棚两用。光伏蔬菜大棚场景如图4-2所示。

图4-2 光伏化蔬菜大棚场景

全国第一个光伏蔬菜大棚在山东省寿光市洛城街道东城工业园的一个实验基地建成。与普通蔬菜大棚不同的是,光伏蔬菜大棚的棚顶安装了几列太阳能电池板。靠近大棚墙边的下方建设汇流箱。它们之间的关系是电池板吸收太阳光能并将其转换为12V的电能,然后汇集到汇流箱内,再通过逆变器变成380V的工业用电。光伏蔬菜大棚的建成,增加了可再生能源,提高了蔬菜大棚的附加经济效益,使得农业向低碳、高效、绿色和循环农业方向迈进。

4.1.3 电气化畜牧养殖

电气化畜牧养殖主要包括一些机械设备的使用和相关用电设备。目前大型规模化养殖场畜牧机械配备相对完善,投入使用的机械设备多为知名厂家生产的成套设备,设备的实用性和可靠性较好,自动化程度较高;但大部分中小型养殖场仍沿用传统养殖模式,生产环节只配置简单的饲喂和环境控制机械,在收集处理、运输等环节还是人力作业,机械设备少,生产效率低。在畜牧业机械化生产过程中,饲料作物的生产一般使用同作物种植业相同的农业机械,如农用动力机械、土壤耕作机械、种植机械、排灌机械、施肥机械等。

专用于畜牧业的机械主要有草原建设机械、牧草收获机械、青饲料收获机、饲料加工机械、畜禽饲喂和饮水机械、畜禽舍除粪及粪便处理机械、畜禽舍环境控制设备、畜禽疫病防治机械、畜禽产品采集和初加工机械、畜牧业运输机械等。其中畜禽饲喂和饮水机械及畜禽舍除粪及粪便处理机械可随饲养畜禽种类的不同而采用不同的类型，如养猪场设备、养鸡场设备、奶牛场设备等。图4-3所示为养鸡场养殖机械化装置。

图4-3　养鸡场养殖机械化装置

为保护、改良和建设天然草原而使用的各种专用机械，除牧草补播机外，主要还有畜群围栏设备和毒饵撒播机等。

控制和保持畜禽舍内小气候环境的设备的作用是调节环境使其适合畜禽生长发育的需要，主要包括通风机、供暖通风设备和降温设备；此外还包括局部控制温度的设备，如养鸡场的孵化和育雏设备，养猪场的仔猪供暖保温设备等。

通风机一般包括轴流式和低压离心式两种。轴流式通风机的通风压较小，流量相对较大，常安装在畜禽舍侧面墙上的排气口或进气口内，也可安装在屋顶的排气管内。有的轴流式通风机可由恒温器控制，通过改变驱动电机的输入电压，自动调节通风机转速。低压离心式通风机的通风压力高于轴流式通风机，主要用于将空气压送到畜禽舍的进气管内，特别适用于集中采暖的畜禽舍通风。离心式通风机也可使用调速电机，通过改变定子绕组磁极对数的办法达到调节转速的目的。

供暖通风设备常用的有热风炉式、蒸汽或热水加热式、风管式等类型。热风炉式供暖通风设备由热风炉将加热风管内的空气加热后，用风机压入畜禽舍内的暖风管，以辐射传导方式取暖。其设备简单，热效率较低。蒸汽或热水加热式供暖通风设备（即暖风机）由电动机、通风机和散热器组成，通常装在畜禽舍的进风口上。由锅炉统一供应的蒸汽或热水在散热器内通过，使由通风机吹来的空气加热后进入禽畜舍内散热。风管式供暖通风设备是在畜禽舍的中部设置密闭的热风室，室内装设由蒸汽加热的散热器（暖气片），外界空气进入热风室内加热后用离心式通风机通过暖风管分配到全畜舍。畜禽舍降温设备一般在外界温度超过32℃、难以用通风办法降温时使用。通常为蒸发冷却装置，装在进气口内，将水喷淋在进气口百叶窗板或由铁丝网填塞刨花制成的蒸发垫上，利用水蒸发时吸收汽化热的原理来降低舍内空气温度。但只适用于高温干燥的情况，高温高湿时效果较小。

4.1.4 电气化水产养殖

1. 主要用电设备

水产养殖业的品种主要有石斑鱼、多宝鱼、鲍鱼、海带等，其中鱼类养殖精细化程度较高，对设备电气化要求较高。主要用能场景包括增氧、补水、加热、投饵、照明、消毒杀菌等。主要用电设备包括用于加热的电锅炉、地源热泵，电增氧机、电水泵、电投食机、照明、紫外线杀菌等。

（1）电加热设备。由于环保要求越来越严，煤锅炉不能再继续使用。电锅炉加热没有煤锅炉的加热速度快，但是能恒温，缺点是耗电量大。地源热泵效果最好，温度方便控制，比较省电，但需要有一定的地热资源。

（2）电增氧设备。水产养殖需要经常进行人工增氧，以提高产品成活率。液态制氧设备投资较高，动辄数十万元，液氧价格根据市场价格波动较大，对于水产养殖户都是较高成本负担。电制氧设备，大的制氧机价格贵，成本高，小的需要每个工厂配备。

2. 渔光互补

传统水产养殖项目发展存在一定问题，包括前期一次性投资过大，农户难以承受；用电设备和线路改造后收益不明确；缺少电价方面的补贴，电费成本高；对改造后用电设备的性能是否达到效果存疑。新兴的"渔光互补"模式较有效的调和了这些矛盾。

"渔光互补"是指渔业养殖与光伏发电相结合，在鱼塘水面上方架设光伏板阵列，光伏板下方水域可以进行鱼虾养殖，光伏阵列还可以为养鱼提供良好的遮挡作用，降低睡眠温度，减少水分蒸发，有太阳能电池板遮住阳光照射，鱼虾苗在高温水中的死亡概率也会大大降低。同时，池塘上面的太阳能电池板遮挡了一部分阳光，让水面藻类光合作用降低，在一定程度抑制了藻类的繁殖，提高了水质，为鱼类提供一个良好的生长环境。形成"上可发电、下可养鱼"的发电新模式。"渔光互补"场景如图4-4所示。

图4-4 "渔光互补"场景

农民可以依托鱼塘资源，在鱼塘上方搭建起光伏电站，这样不仅有养鱼的收益，还有光伏发电的收益。同时光伏发电还能为鱼塘的增氧机、水泵等设备供电，多余的电还可以按照脱硫电价卖给电网，回报周期基本在7~8年。渔光互补项目是科学利用土地、开发清洁能源的典型案例。水上发电、水下养殖，充分发挥土地效益，对全国土地综合利用与新能源产业结合发展将起到良好的示范作用。

4.1.5 电气化冷链物流

冷链物流指冷藏冷冻类食品在生产、储存、运输、销售，到消费前的各个环节中始终处于规定的低温环境下，冷链物流是保证食品质量，减少食品损耗的一项系统工程。冷链物流的适用范围非常广，对于我国农村来讲，主要包括：①初级农产品，如蔬菜、水果、肉、禽、蛋、水产品、花卉产品等；②加工食品，如速冻食品、禽、肉、水产等；③包装熟食、冰激凌和奶制品等。随着农村生产水平的提高以及市场对生鲜食品质量要求的不断提高，冷链物流在农村现代化进程中占有越来越高的比重。

冷链物流涵盖冷冻加工，冷藏储存，冷链运输和冷链销售全过程。冷链物流的主要设施包括冷库或低温物流中心、生鲜食品加工中心（包括中央厨房）、冷藏运输车、超市陈列柜等，如图4-5所示。而在冷链物流的所有环节中，冷库是最核心的设施，其投资在冷链建设的占比中也是最高的。农村冷链物流的建设重心也主要在这一环节。

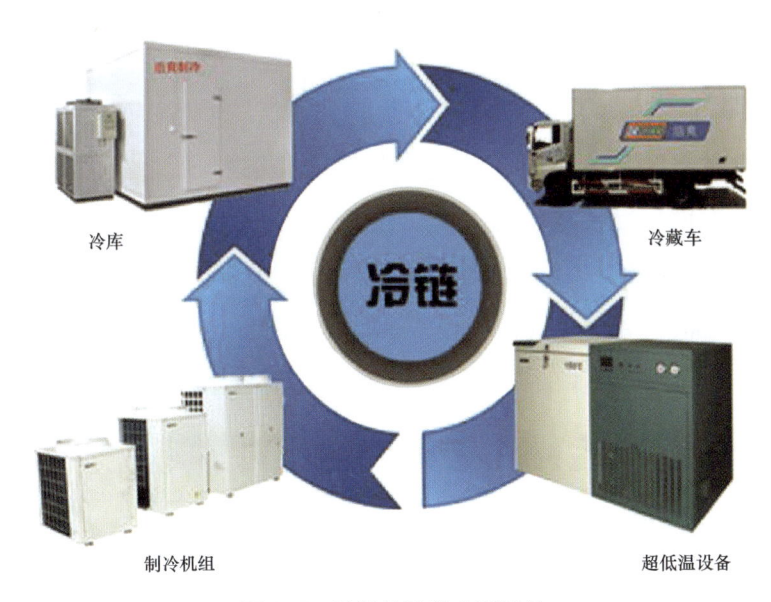

图4-5 冷链物流的主要设施

现阶段的农村，还处于建造冷库的冷链初级阶段，主要是把农产品保鲜储存解决好。当前国家大力推行农村冷库建造补贴，原因就在于全国农村冷库目前还远远满足不了需求。而随着农村消费市场的逐步成熟，也给冷库带来新的方向——冷库在农村的未来发展不再是单一做农产品储存，而是冷库仓储，为生鲜电商进货、农村消费支出积极铺路。冷链物流基地如图4-6所示。

图4-6 冷链物流基地

进入21世纪以来，中国农产品储藏保鲜技术迅速发展，农产品冷链物流发展环境和条件不断改善，农产品冷链物流得到较快发展。中国每年约有4亿t生鲜农产品进入流通领域，冷链物流比例逐步提高。随着冷链市场不断扩大，冷链物流企业不断涌现，并呈现出网络化、标准化、规模化、集团化发展态势。

4.2 乡村产业电气化

以促进电气化助力乡村旅游业向生态、环保、节能、绿色方向发展，推动打造能源消费电气化示范村镇和全电景区。服务特色村镇建设，主动对接地方政府，及时掌握总体发展规划要求和项目用电需求，紧密跟踪项目建设进度，研究制定电气化村镇建设方案，推动在特色村镇建设与发展、旅游开发与经营、居民生活等环节、领域高度融入电气化元素。

正在推动乡村全电景区建设，主动服务景区内公共充电设施、电采暖等供电基础设施建设，在景区内推广电动观光车，餐饮制冷、制热、烹饪全部实现电气化。将传统景区中的燃煤锅炉、燃油公交、燃油摆渡车、传统码头等改造为电加热、电采暖、电动汽车、低压岸电，以"线杆融景、变台为景"方式推进线缆整治和美化工作，推动全电气化建设在旅游景区应用普及。推动民宿电气化改造，引导农（渔）家院、休闲观光园、森林人家、康养基地以及市民农园电气化改造，充分利用公司线上线下服务平台，推广智能化电气设备，推动民宿厨房、客房等用能改造升级，提升民宿经营中制冷、供热、生产及加工等环节电气化水平，助力乡村旅游业发展。

结合地区产业特色，推动典型区域及行业电能替代项目建设，助力乡村产业振兴。推动特色产业电能应用，强化乡村特色产业生产、加工等环节电气化技术和服务产品研发，加快推动电能向烤烟、制茶、制陶、煎饼加工等领域渗透应用，推动将地方特色和土特产品做成带动农民增收的产业。助力现代农业"三园"发展，提升乡村低压客户接入容量标准，主动服务现代农业产业园、科技园、创业园，支持农业产业化联合体发展和乡村产业融合发展示范园建设；充分发挥电网企业专业优势和客户经理团队力量，提供能效分析、节能咨询以及供电供冷供热一体化等多元化综合能源服务，提升园区用能效率；积极引导帮助乡村园区内用电企业、乡镇企业直接上平台参与电力市场化交易，帮助降低用能成本，助力乡村特色产业发展。

4.2.1 电气化烤烟

电气化烤烟指利用电能进行烟叶烘烤制作，主要的电气装置有温控装置和鼓风装置，可将燃煤加热的热空气强制通风，均匀地加热烟叶并带走水分。受传统观念和电力供应等方面的因素影响，长期以来一些深山区烟农一直沿袭"煤烤烟"技术，由于温度、湿度不好控制，烟草烘烤质量不高，难以做到经济效益的最大化，也给环境带来了一定污染。近年来，电力公司主动对接"三农"发展和脱贫攻坚战略，顺应大气污染防治和电能替代工作要求，坚持电力保障、宣传推广与优质服务并重，积极推动"电烤烟"技术应用，精心优化电力设施布局，全面提高烟草种植区的供电可靠性。与地方烟草公司合作，从安全、经济、环保和烘烤质量等方面，大力宣传"电烤烟"的优势，引导居民转变传统烟叶烘烤模式，并组织村干部和群众代表到其他乡镇参观学习电烤烟技术，交流经验，提高认同度。利用"网格化"服务网络，延伸个性化服务渠道，为烟农"电烤烟"设备改造提供技术支持。

电作为清洁能源，生产环境清洁卫生，全电烤烟房以高温热泵机组代替原有燃煤锅炉，实现了零碳排放、零污染。电烤烟升温灵敏，控温稳定，烟叶烘烤质量好，烤房内热风循环管路和除湿工艺得到优化，热效率高，具有很强的开发和应用潜力，极具实用及推广价值。智能温控电烤烟房如图4-7所示。

图4-7 智能温控电烤烟房

全电烤烟房每房烟叶烘烤用电约1300 kW·h，可烘烤干烟600 kg以上，干烟平均烘烤费用在1.3元/kg左右，约是传统燃煤烘烤的1/2。使用燃煤烤烟，烟农每天要工作10h左右，需要付出较大的人力成本，电烤烟可全程自动控制，不需要大量人员看管，大大降低了人工成本。

4.2.2 电气化制茶

随着电力技术的发展，以电气化设备为主的电制茶工艺正在逐步替代传统的烧煤、烧柴制茶。采用电气化设备制茶，可提高工作效率、提升茶叶品质，销量也逐年增加。茶叶生产工艺繁杂，每道工序都有独特的温度要求，稍有误差都会影响到茶叶口感与品质。制茶时需要通过高温破坏和钝化鲜茶叶中的氧化酶活性，杀青的温度控制成为品质高低的关键，过高或过低都会造成口感衰减。改用机械化流水作业后，蒸汽发生器彻底改变了温控难题。蒸汽发生器可以将温度设定为茶叶杀青时的适宜温度，并将蒸汽维持在恒温杀青状态，能保存茶叶中酶类活性物质的生命，最大化地保留了茶叶的清香，有利于提升茶叶品质。图4-8所示为电制蒸汽用于茶叶杀青。

图4-8 电制蒸汽用于茶叶杀青

比起茶叶杀青工艺，茶叶干燥工艺更加烦琐，干燥过程通常要分为3个阶段完成，不同阶段需要的温度不同，因此要烘烤出优质的茶叶，需要把控好烘干过程中的温度和湿度变化。在茶叶干燥过程中除了要蒸发水分外，茶叶含水量也要控制在合理的范围，蒸汽发生器除了能提供高温热能，在升温的过程中还会释放细腻的水分子，使茶叶在烘干的同时也能及时补充水分，让茶叶在最佳状态下烘干。蒸汽发生器蒸成的茶叶，外形紧细，色泽鲜绿或深绿，气味清香。

蒸汽发生器操作简单，提前设置好相应的烘干温度、湿度及烘干时间就能自动运行，全程无需人工干预，智能高效，可降低人工成本。

现阶段国家大力支持煤改电项目，提倡使用环保无排放无污染的电蒸汽发生器，使用电蒸汽或其他环保锅炉都会得到相应的补贴，或者降低电或燃气的价格，极大地降低了蒸汽发生器的使用成本。目前，我国福建、山东、浙江等地均出台了相应政策，对于自动化茶叶加工生产线，给予一定规模的资金补贴和政策扶持。

4.2.3 电气化制陶

电气化制陶包括电气化制陶和电气化烧陶。电气化制陶是将传统的制陶机械动力用电能替代，提高制陶效率，稳定制陶工艺质量。电气化烧陶是将传统烧陶用的煤窑、炭窑、气窑用电烤炉进行替代升级。随着农村电网的不断升级扩容，农村的能源消费结构发生变化，电网升级改造使得一些大功率用电设备成为可能，连传统的制陶都可以由"火烧"改成了"电烤"。

电气化制陶相关设备如图4-9所示，制陶设备从原料制备到成型制胚、上釉等一系列过程，主要包磨粉机、搅拌机、练泥机、拉坯机、制陶机、搅釉机、输釉泵、吹釉机等用电设备。

电气化制陶的成本账算起来非常有经济效益。原来一窑陶器装30件，烧制1天半到2天需要半吨煤，煤的成本近500元，用煤烧陶器不仅周期长而且成本高。电烤只需要1天时间，电费300元左右，是名副其实的"节能陶器"，不仅大大缩短了烧陶周期，还大幅降低了烧陶成本。

电烧陶的优点除了经济便利外，还非常节能无污染。用柴或者煤烧陶时为了防止灰尘污染陶器，需要在陶器外罩上匣钵，匣钵是易耗品，烧几次就要换新的，而电烤则不需要，对生产环境的改善和保护起到了非常大的积极作用。同时，电烤也让制陶的温度更容易控制。旧式烧陶控温主要靠测温锥，测温锥烧化了表示窑温够了，而现在烤炉达到设定温度后自动断电，省时省力，高效率地保障了陶器的质量。

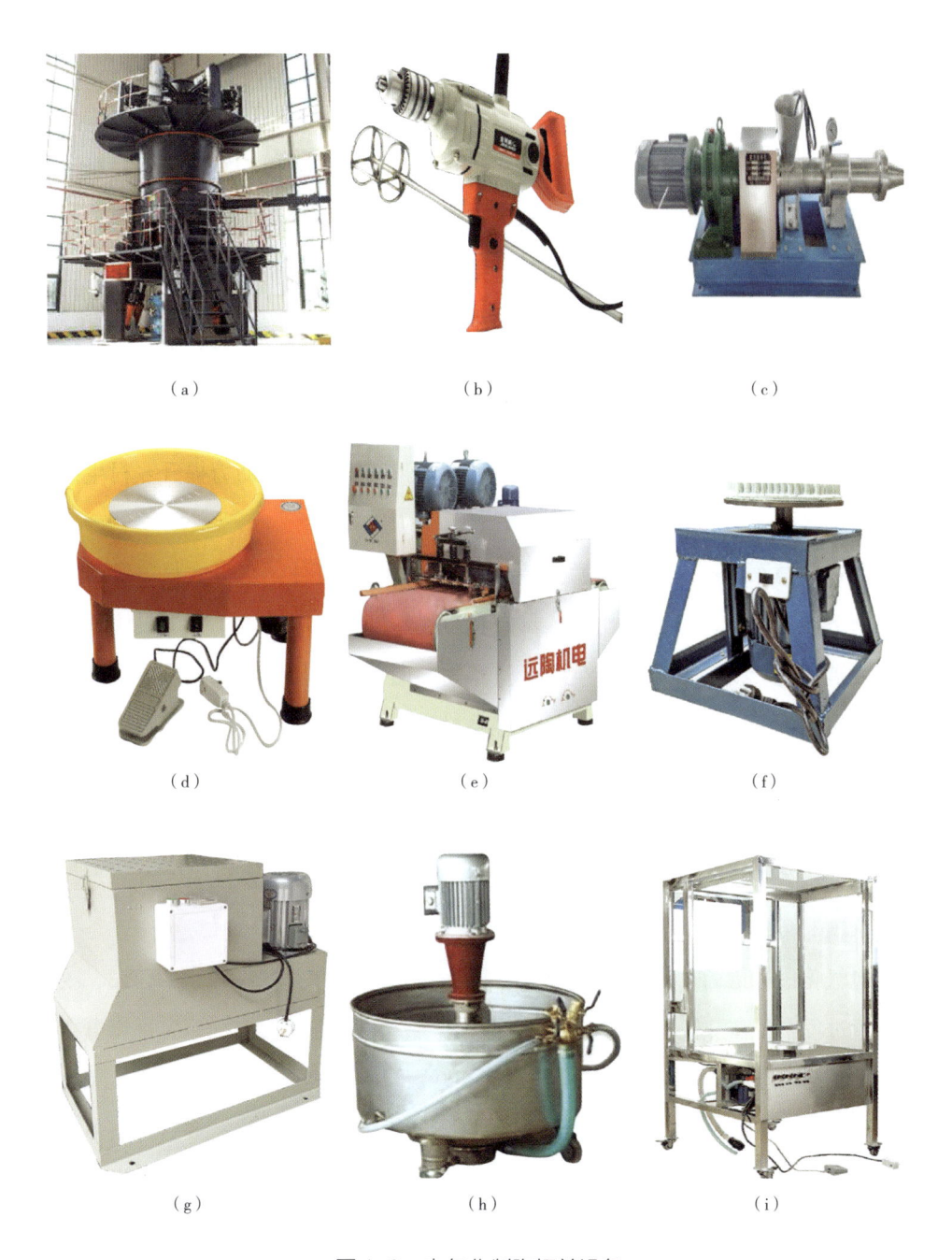

图4-9 电气化制陶相关设备

（a）LUM立式磨粉机；（b）手持式搅拌机；（c）练泥机；（d）拉胚机；（e）制陶机；（f）磨底机；
（g）釉料球磨机；（h）输釉泵；（i）吹釉机

4.3 乡村生活电气化

在乡村生活方面，因地制宜地选择供暖技术方案，积极稳妥推进乡村散煤替代，服务美丽乡村建设，助力打赢蓝天保卫战。扎实做好北方地区煤改电，做好配套电网工程建设，推广应用集中式、蓄热式、光热补偿型电锅炉（热泵）等电采暖技术，推动出台"煤改电"各项支持政策，进一步完善供电服务保障措施，高质量完成重点区域企事业单位、居民煤改电任务，助力实现重点区域平原地区"无煤化"。在南方地区稳步推广电采暖，对非集中供暖地区，根据地区经济发展水平和电网供电能力等情况，稳妥推广分散电采暖等技术，助力提升乡村生活品质，推动乡村电采暖。

推进智慧车联网、智慧能源服务系统向乡村地区延伸，引导农村居民绿色出行，服务乡村电动汽车便捷出行。试点在乡村地区建设电动汽车充电设施，结合地区发展情况，研究在乡镇卫生院、汽车站、泊口、乡村景区等人员流动性较大区域，以及商贸、邮政、供销、运输等乡村物流基地，开展公共充电网络规划布点工作，提供便捷充电服务。推进智慧车联网向乡村延伸，针对乡村出行特点，优化完善智慧车联网、智慧能源服务系统功能，在乡村地区推进开展有序充电等服务，促进乡村电动车、电动船等绿色交通工具发展，推动乡村绿色出行。

4.3.1 电气化民宿

电气化民宿指通过实施电能替代提高民宿的电气化水平，在民宿的建设、改造及运营过程中，在烹饪、采暖、空调、照明、热水供应等诸多方面，实现以电能作为民宿的终端能源。中国乡村传统民宿的烹饪、取暖方式是散烧煤和薪柴焚烧，主要有居住区域较为分散，民宿建设集中供暖管网难度大、成本高；乡村民宿多为当地自建房或村民回迁房，建筑节能保温性能较差等特点，因此，要围绕农村生活特征开展深度电能替代，推进农电升级，同步探索农村节能发展与零碳社区建设。

1.分布式发电

电气化民宿的建设应充分利用乡村风光资源，统筹考虑电网消纳能力，坚持分散式和集中式并举，充分发挥政府、企业和农户三方协同效力，推进风力发电、光伏发电项目开发。在民宿屋顶、禽畜舍屋顶或放牧草地上建设光伏发电，通过专业化运维团队创新运维模式，提高发电小时数、降低发电成本，实现民宿绿色电力长效自主供应。以分布式风电、光伏与特色农业相结合，在有条件的地方发展高效、集约农光互补大型光伏电站，主要模式包括风光互补、农光互补、牧光互补、渔光互补等。

2. 升级乡村电网

提高乡村民宿用电质量，开展乡村居民生活电网升级，优化完善电网网架结构。乡村地区适度增加110kV变电站布点，缩短供电半径，提升电网防灾容灾能力。加快10kV主干网架建设，提高供电可靠性。加强农网升级改造，积极适应农业生产和乡村消费新需求，突出中心村和小城镇电网升级改造，诊断乡村电网薄弱环节，理清供电范围、优化网架结构、提升装备水平、提高建设标准、注重供电质量、保障优质服务，加快实施农网户均配变容量倍增工程，彻底扭转农网发展滞后局面，全面建成结构合理、技术先进、安全可靠、智能高效的现代乡村电网。

3. 民宿电能替代

不断提高乡村民宿生活电气化水平，率先开展乡村居民生活消费侧的"煤改电""柴改电"试点和推广应用，常见的电气化民宿场景如图4-10所示。

图4-10 常见的电气化民宿场景

（1）生活方面推广电炊具技术，如电磁炉、微波炉、电饭煲等电炊具替代炊事的散烧煤及薪柴，降低乡村散煤使用和秸秆使用比重，倡导"零排放"生活，优化乡村民宿能源消费结构。

（2）通过政府购置补贴引导、商家促销、供电企业提供用电增值服务等手段，结合村庄人居环境整治及新型乡村社区建设，在建筑节能改造的基础上，推广清洁取暖技术，如蓄热电采暖器、空气源热泵、冷暖空调、电暖气、小太阳等。蓄热式电锅炉利用低廉的谷电进行大规模热储存来进行供暖；地源热泵集供暖、制冷、生活热水为一体，可替代"地暖＋中央空调"；光伏＋热泵方式可替代乡村原有散烧锅炉，改善当地生态生活环境。

（3）在农业生产、生活、公共服务领域推进"油改电"，加快推进电动汽车充换电基础设施建设，推动电动汽车普及应用。

4."绿电村"模式

采用"地方政府出政策＋企业出资金及技术"的改造模式，选取能源资源丰富、负荷集中的村，示范构建由光伏、地热、风电、储能等组成的乡村"绿电"系统，即"绿电村"模式。"绿电村"模式可改变传统生活方式，最大限度减少温室气体排放，彻底摆脱以往大量生产、大量消费和大量废弃的运行模式，形成结构优化、循环利用、节能高效的物质循环体系，形成健康、节约、低碳的生活方式和消费模式，实现社区零能量消耗及零排放等多项指标。

4.3.2 电气化出行

电气化出行是指通过实施电能替代，采用电能驱动的交通工具取代原有由化石燃料驱动的交通工具。目前农村道路上载客、拉货的主要都是面包车、老旧柴油货车、三轮车甚至摩托车，既不安全，也不环保。农村电气化出行常用的有电动自行车、电动农具车、电动小轿车等，"绿色乡村"出行工具如图4-11所示。

电气化出行即采用对环境影响最小的出行方式，发展节约能源、提高能效、减少污染、益于健康、兼顾效率的公共交通、慢行交通为新区美丽乡村绿色出行

第4章 乡村电气化典型应用场景

图4-11 "绿色乡村"出行工具
(a)电动自行车;(b)电动农具车;(c)电动小轿车

树立典范,综合立体提升美丽乡村绿色出行的运输质量,注重安全性、可达性、选择性和服务性等,以及满足不同交通需求的能力,减弱交通出行行为对环境产生的负面及消极的影响,降低对土地、能源、资金(人类的劳力)等资源的耗费,同时采用改善、引导或限制交通需求来实现改善乡村交通和环境的目的。

1. 电动自行车

电动自行车主要是指在普通自行车的基础上,以蓄电池作为辅助能源,安装了电动机、控制器、蓄电池、转把、闸把等操纵部件和显示仪表系统的交通工具。电动自行车适宜于农村日常生活中的短距离出行、上下班或接送孩子上下学。充电功率一般是120W、180W,将车辆停放在空旷院落连接市电即可完成充电。

2. 电动农具车

电动农具车多为城镇使用,可乘坐多人,也可拉货、摆摊,还可安装简易棚,颇为方便,且价格低廉,容易购买。近些年电动农具车凭借低廉的价格,简单灵活的操纵方式,多功能的使用方法,发展趋势迅猛。其应用场景主要与农业生产息息相关。如去田间地头、园林苗圃、鱼塘牧场等进行生产管理,既解决了交通问题又解决了运输问题;牧区使用的电动田间管理车辆可以进行喷施杀虫剂、除草剂等工作,甚至还可以配置简易的农机具进行田间除草等工作。电动农具车不仅可作为交通工具满足城乡代步的需求,还可作为买菜购物时的运输工具。电动农具车的体积小、方便快捷、环保等特点,使得其在农业生产中得到广泛的应用。

此外，移动式充电农机具的应用也已初露端倪，并且应用到不同的农机作业。如一些省市农机部门尝试对电动设施农业机械、电动打捆机、电动拖拉机3项农机具进行生产与推广，并由政府适当补贴。这将推动电动农机设备的发展进程，对农业机械起到促进作用。电动飞行器以其稳定的性能、方便高效、易于操作等优势已经用于植保机械，用来完成除草、杀虫等作业；小型电动园艺大棚、花卉种植及养护电动机具也已经以其静音、环保、方便快捷等特点得到应用。

3.电动小轿车

电动小轿车即近年来发展迅速的电动汽车，它受到较为富裕的乡村的青睐，是乡村提升生活品质的重要表现。电动汽车按驱动方式，一般可分为纯电动汽车、混合动力电动汽车（串联、并联、混联）、燃料电池电动汽车等。目前国内发展最快的是纯电动汽车。

第5章

乡村电气化的商业模式

5.1 参与主体

随着乡村电气化的不断深入发展，农村这样的电网末端区域在不断的能源转型中，其商业模式也渐渐发生着变化。从市场参与的主体来看，包括分布式光伏、风电主体运营商、电能终端用户、电能替代用户、电动汽车车主、储能运营主体。

5.1.1 分布式光伏、风电主体运营商

分布式光伏、风电主体运营商可以是投资、建设、运营分布式光伏、风电的能源企业，也可以是只负责运营业务的能源企业。分布式光伏、风电主体运营商通过自发自用、余量上网的方式对可再生能源发电进行就近消纳，同时获得相应收益。

分布式光伏、风电主体运营商主要通过向终端用户出售自发自用的可再生电力参与市场交易，根据服务的终端用户用电价格出售电能。分布式光伏、风电主体运营商期望与终端电力用户签署较高的售电电价，增加售电收益。同时盈余的可再生能源电力通过余量上网的方式参与市场交易，根据当地分布式可再生能源上网电价出售电能。这时分布式光伏、风电主体运营商期望可以获得更高的上网电价，增加售电收益。

5.1.2 电能终端用户

电能终端用户可以是单纯的电力用户，也可以是拥有一定发电设备、储能设备的产销合一用户。具有可再生发电设备的电能终端用户，在自发自用的基础上，可以把盈余的可再生电力上网销售获得相应收益。

电能终端用户通过购买电能参与市场交易，根据不同用户类型向电网公司购买不同价格的电能。电能终端用户期望自身可以获得更加便宜的电价，减少用电成本。同时电能终端用户出售自发自用基础上的盈余可再生电力参与市场交易，根据当地分布式可再生能源上网电价出售电能。这时作为卖方的电能终端用户期

望自身可以获得更高的电价，增加售电收益。

5.1.3 电能替代用户

电能替代用户是指通过使用电能替代其他形式能源的用户，典型应用场景包括煤改电、气改电等，电能替代用户通过购买电能满足自身用冷、用热等能源需求。

电能替代用户通过购买电能参与市场交易，根据不同用户类型向电网公司购买不同价格的电能。电能替代用户期望自身可以获得更加便宜的电能替代电价，减少用电成本。

5.1.4 电动汽车车主

电动汽车车主是指使用电力为驱动动力的道路交通工具使用用户，通过购买电能满足出行的需求。电动汽车车主通过参与市场交易购买电能，根据不同时段与充电要求，向电网公司购买不同价格的电能。电动汽车车主期望获得更加便宜的电能，减少用电成本。其中一部分电动汽车车主期望可以通过灵活的充电、放电方式获得额外的价格补偿，进一步减少用电成本。

5.1.5 储能运营主体

储能运营主体是运营储电、储热、储冷等能源形式的能源企业。通过峰谷套利、调峰调频、减少尖峰负荷等方式优化终端用户的用电需求以及为电网提供辅助服务，获得相应收益。

储能运营主体主要通过电价低谷时储电，电价高峰时放电，以及通过放电提供辅助服务的方式参与市场化交易，根据尖峰电价、存量定价、调峰调频电价出售电能、热能、冷能等不同形式的能源。储能运营主体期望获得更大的峰谷价差、更高的需量电价、更高的辅助服务价格，增加储能收益。

5.2 业务形态

5.2.1 光伏"整县推进"

光伏"整县推进"是将整县的光伏资源集中开发，通过单个大型用电负荷企业或者多个中小型用电负荷企业联合体，以分散式接入电网、以集中式共同就地消纳光伏发电的行为。电网公司通过保障可再生能源就近消纳，保障电力生产安全，提供光伏发电国网通道等方式，按照每度（kW·h）电的输配价格收取相应的配电费用。

光伏"整县推进"业务还包含上网点电量计量、电量结算、电费结算，用电终端用户的电费计量与结算等内容。电网公司开展该项业务，需要保障光伏分布式供电方的合理收益，最大限度保证光伏发电的上网电量，同时还需要保障终端用户的用电安全与用电质量，通过建设坚强的配电网络，提高终端用电的可靠性。

光伏"整县推进"是电网公司支持乡村振兴的重要业务，改善了以往光伏乡村振兴带来的分散式光伏发电规模小、网损大、效率低的弊端。通过创新的就地消纳方式，达到发电方、用电方、电网公司多方受益的效果。未来电网公司应该通过制定创新性的商业模式，提高光伏"整县推进"的示范区域，在为乡村负荷提供更多可再生能源发电电源的同时，提高乡村的节能减排能力。

5.2.2 售电业务

售电业务是电网公司通过配电网络将电能出售给终端用户的行为。电网公司根据不同终端用户的用电类型，按照相应的电力价格以及用户的实际用电量收取相应的售电费用。

售电业务包含并网点电量计量、电量结算、电费结算等内容。电网公司开展该项业务，需要保障终端用户的用电安全与用电质量，通过建设坚强的配电网络，提高终端用电的可靠性。同时电网公司还需要根据终端用户的用电需求，提供相应的解决方案，帮助终端用户顺利进行生活与生产。

售电业务是电网公司的主体业务，但是传统的粗犷式管理对于配电网络的优化运行产生了巨大的影响，很多情况下配电网络的利用效率低下，经济效益受到严重制约。未来电网公司应该通过提供定制化的解决方案、灵活的终端用户价格、创新的商业模式等提高配电网络的利用效率，增加售电收入。

5.2.3 电能替代业务

电能替代业务是指终端用能形式从传统的燃烧化石能源转变为使用电能的活

动。根据不同的用能场景，通过煤改电、气改电等方式，以电能供给满足终端用户的用能需求。电能替代业务包含设备改造、设备更换、生产工艺改造等内容。开展电能替代业务需要充分了解终端用户的用能需求，充分分析电能替代的可行性与经济性。

电能替代业务是电网公司在终端用能清洁化方面的重要业务之一，可以帮助电网公司在碳达峰、碳中和背景下进一步拓展电网业务，起到很好的促进作用。未来电网公司应该通过价格激励政策、提高终端用户电能替代的水平，拓展电网公司的业务板块。同时电网公司还可以对电能替代设备进行智能化的改造和管理，参与电力市场的辅助服务。

5.2.4 充电业务

充电业务是电网公司为电动汽车用户提供各类充电服务的活动。包括充电设施管理、电量计量、电量结算、收费结算等内容。电网公司开展充电业务需要对配电网进行相应的管理改造与优化升级，以满足日益增长的电动汽车充电需求。充电业务是电网公司的新兴业务，与传统售电业务有所不同，充电业务需要保障大量电动汽车在短时间内共同充电的新型用电需求，对电网的安全运行提出了新的考验。电动汽车充电业务是电网公司在售电业务与客户服务方面新的增长点，未来电网公司应该通过设置更加灵活的充电价格，引导充电用户在不同时间有序充电，提高充电设备的使用效率，增加公司充电业务收益。

5.2.5 储能业务

储能业务是通过能量的时空转移，以储电、蓄热、蓄冷等方式，将电能储存或者转化成其他能源形式的活动。储能业务包含能量计量、能量结算、电价计量、电费结算等内容。开展储能业务需要制定合理的峰谷价差、调峰调频电价，鼓励储能设备的引用。储能业务可以有效缓解局部地区的供需不平衡问题，也可以有效平抑负荷波动对电网的冲击，提高电网的供电安全。未来电网公司可以为储能的应用场景设计更加灵活的电价政策，充分发挥负荷侧储能平抑电网波动的优势，减少电网公司的运行投入。

5.3 运营模式

5.3.1 光伏"整县推进"

光伏"整县推进"的运营模式可以分为多对一模式和多对多模式。两种模式都是通过可再生能源的就地消纳，达到经济效益与社会效益共赢的目的。

1. 多对一模式

多对一模式主要是指以多个分散式接入光伏发电对应单一用电主体的消纳模式。

2. 多对多模式

多对多模式主要是指以多个分散式接入光伏发电对应多个用电主体的消纳模式。

5.3.2 售电业务

售电业务的运营模式可以分为居民模式、工业模式和商业模式。

1. 居民模式

居民模式主要以阶梯电价为主要方式，随着居民用电量的增加，用电价格也同步逐步增加，对于对价格敏感的用户，有一定的总量控制的作用。

2. 工业模式

工业模式主要以峰谷电价为主要方式，通过峰谷电价区间，指导工业企业合理安排生产计划，规避社会用电的高峰时段。

3. 商业模式

商业模式主要以恒定电价为主要方式，鼓励终端用户采用节能型的用电设备。

5.3.3 电能替代业务

电能替代业务的运营模式建议采用专项供暖业务、供冷业务、其他业务等方式。通过采用专项定价的方式，比如冬季电采暖专项电价，商业楼宇冰蓄冷专项电价等，突出终端用电的经济性，鼓励电能替代业务的开展。

5.3.4 充电业务

充电业务的运营模式可以分为自营模式和托管模式。

1. 自营模式

自营模式是指电网公司之间开展充电桩、充电站的建设与运营，以充电电费+服务费的方式获得收益，同时可以采用峰谷电价的方式鼓励充电用户错峰进行充电。

2. 托管模式

托管模式是指电网公司将充电桩、充电站的运营委托给第三方进行管理，仅以充电电费的方式获得收益。

5.3.5 储能业务

储能业务的运营模式可以分为自营模式、租赁模式和托管模式。

1. 自营模式

自营模式是指电网公司之间开展充电设备的投资、建设与运营，以节省电费的方式获得收益。目前市场上成熟的模式有峰谷套利和调峰调频，未来可以开展动态存量电费优化工作，以提供服务+共享利润的方式获得收益。

2. 租赁模式

租赁模式是指电网公司通过租赁第三方设备的方式获得储能服务，储能获得的收益由电网公司和第三方共同分配，这种方式对于减少固定资产投资有很好的商业效果。

3. 托管模式

托管模式是指电网公司将储能设备的运营委托给第三方进行管理，以合同能源管理的方式减少运营成本，增加企业收益。

第6章

乡村电气化的评价指标体系

6.1 评价指标体系构建原则

评价指标体系的构建是对乡村电气化工程建设评价的首要条件，指标体系的合理与否将直接影响工程建设的效果，要确保工程建设结果的科学准确和评价结果的可靠性，科学合理的指标体系就是重中之重。建立科学合理的评价指标体系的过程，就是将评价具体化、结构化和量化的过程，在建立指标体系时要遵循一定的内在原则，不能简单地将指标进行无序的堆积，根据乡村电气化建设工程的技术、经济和社会效益等评价的实际情况，建立科学的评价指标体系时应遵循以下原则。

1. 目标一致性原则

建立评价指标体系的目的就是为了对工程项目进行更好的评价，从而指标体系建立要充分地与工程项目系统的目标一致，全面地体现评价活动的目的。项目工程的系统目标决定了一切活动，评价指标的工作必须服务于系统目标。评价指标的建立只是一种手段，为评价而评价的活动是没有意义的。评价指标的目的和系统目标的一致性，也是目标一致性原理所要求的。因此，评价指标体系的设计，要跟该评价目标紧密相连，选取关键影响因素，进而综合反映目标实现程度，最终将其作为评价指标。

2. 灵活可行性原则

评价指标体系最好能适应各种类型经济评价和内在的要求。通过对影响指标系统的因素的改变而进行的指标系统改变，就可以实现改变评价内容的侧重点，当有的影响因素为零时，甚至可以忽略这个因素的评价内容。通过对评价指标体系中影响因素的控制，可以实现不同的评价方案的区别评价，进而体现评价指标体系的灵活性。在坚持建立指标灵活性的原则上，评价指标要高低都适中，在数量和评价标准方面，设计指标的多与少，不仅与是否有充足的信息、人力、物力和切实可行的量化方法等利用的资源有一定的关系，而且还要考虑评价指标本身的可操作性，即是不是能够通过努力，有效地按照要求去完成。如果指标体系太过烦琐，不具有可操作价值，那么活动便很难顺利、有效地进行，这也说明了指标体系建立要遵循灵活性的原则要求。

3. 系统可操作性原则

建立的指标体系应能全面反映建设项目的整体性能，要在不忽略关键影响因素的基础上，剔除重复的指标要素，以避免评价工作复杂化。无论多么科学、合理、系统、全面的评价指标体系，只有在与具有可操作性相结合时，建立的评价指标体系才是最终合理的。

仅仅建立一个良好的指标评价体系是不够的，只有当人们去使用这个指标评价体系时，它才会有作用。指标评价体系必须建立在能够实际可操作的基础之上。

4. 定性与定量相结合原则

由于建设工程项目实施是复杂的过程，涉及的内容非常的广泛，对其最后的实施效果进行综合评价，必然会涉及各种各样的影响因素。在进行定性分析时，主要凭借的是分析者的直觉、经验，利用对分析对象过去与现在的延续状况和最新的信息资料等，对分析对象的性质、特点、发展变化规律做出判断；定量分析则是依据统计数据，建立数学建模，并用数学模型计算分析对象的各项指标及数值。只有将直观的信息资料与数据统计进行结合，才使评价结果更加科学合理，满足需求者的需要。

6.2 评价指标分析

6.2.1 经济性指标分析

1. 单位电量产值

单位电量产值是指单位电量所产生的GDP，是衡量电能使用效率的重要指标。

2. 单位容量投资和单位容量运行费用

在电网评估中，采用单位容量投资和单位容量运行费用来衡量供电的经济性水平。电网建设投资主要取决于其预期的最大供电负荷，电网的运行费用主要取决于实际供电量，因此应选用单位负荷投资和单位电量运行费用来衡量电网分配和消纳电能的经济性水平。

3. 人均年售电量

我国大部分供电企业人均年售电量为100~500kW·h，只有少数城市的该项指标超过了500kW·h。

4. 购售价差

购售价差即购电价与售电价之间的差额。购售电价差越大，电网运营企业的发展空间越大，投入电网更新改造的费用也越充裕。各国城市电网的购售电价差一般占电价总费用的10%~20%。

5. 乡村劳动生产率

乡村劳动生产率是指乡村电气化工程建设对乡村劳动生产水平的影响，以及对乡村劳动人员的减人增效程度。

6. 供电成本

从供电成本，可以看出乡村电气化工程建设后对降低经营成本费用、材料费用和维修费用的影响。

6.2.2 技术性指标分析

1. 设备故障率

设备故障率指事故（故障）停机时间与设备应开动时间的百分比，是考核设备技术状态、故障强度、维修质量和效率的指标。设备故障率水平的高低直接影响到电网的供电可靠性。

2. 设备运行年限

在电网中，通常以5年为一个阶段，30年为上限，统计各个运行时段内电气设备的数量，从而获得设备运行年限的分布情况，以评价电网的持续发展能力。

3. 容载比

容载比是指变电容量与最高负荷之比，它表明该地区、该站或该变压器的安装容量与最高实际运行容量的关系，反映容量备用情况。容载比是保障电网发生故障时负荷能否顺利转移的重要宏观控制指标，也是电网规划时宏观控制变电总量、满足电力平衡、合理安排变电站布点和变电容量的重要依据。

4. 供电可靠性

供电可靠性是指供电系统持续供电的能力，是考核供电系统电能质量的重要指标，供电可靠性可以用供电可靠率、用户平均停电时间、用户平均停电次数、系统停电等效小时数等一系列指标加以衡量。

5. 线损率

线损率是电力网络中损耗的电能（线路损失负荷）与向电力网络供应的电能（供电负荷）的百分比。线损率通常用来考核电力系统运行的经济性。

6. 供电安全性

供电安全性指在故障条件下，电网向负荷连续供电的能力。我国和大部分国家或地区都采用"N-1"安全准则的通过率来衡量电网的供电安全性。

7. 电缆化率

电缆化率指电缆长度占线路总长度的比例。供电公司通过对乡村进行道路的电力配套设施改造工程，将线路由架空线改地下电缆，从而改善了供电的可靠性和稳定性。

8. 电力自发自用率

电力自发自用率指乡村分布式风电、光伏发电与用电的比例，以县域为单元。利用农户闲置土地和农房屋顶，建设分布式风电和光伏发电，配合储能设备为乡村提供电力服务，用电力自发自用率即可评价可再生能源发电在乡村的使用情况。

6.2.3 社会综合效益指标分析

1. 农民用电满意度

农民用电满意度是指农民对电气化建设中的供电可靠性、安全性等的满意程度。乡村电气化建设对农民用电满意度的影响主要表现在：通过乡村电网改造，农业生产用电提供了可靠电源保障，促进了农业生产传统结构调整，增加了乡村就业机会，提高了农民收入，使农民的用电满意程度有所上升。

2. 科技进步收入比率

科技进步收入比率是指乡村电气化建设对农民收入的影响程度，尤其是由于科技的进步而对收入的影响比重。乡村电气化建设对农民收入的影响主要表现在：当电气化改造后，增加了原有的科技投入、科技创新和科研支出，使农民的收入比例增长，而且主要是由电气化科技进步建设引起的农民收入增长。

3. 环境影响损益率

环境影响损益率是指乡村电气化建设对当地乡村环境影响的程度，即对环境造成的损失与收益的比率。环境影响损益率主要表现在：该乡村的电气化工程建设中的节水措施、污水处理和土地保护等方面的影响程度。

4. 乡村农民精神文明建设效率

乡村农民精神文明建设效率是指乡村电气化建设对农民的精神文明建设的影响程度。乡村电气化建设对农民的精神文明建设的影响主要表现在：通过对乡村电气化建设的实施，能够引导农民树立大局意识、进取意识和信用意识，办实业、守法经营、公平竞争，大力发展壮大乡村集体经济，逐步提高生活水平和生活质量。

5. 农民生活质量满意度

农民生活质量满意度是指乡村农民对供电和用电等方面的满意程度。由电气化工程建设所带来的供电质量的提高，使更多的乡村家庭扩大了家用电器的使用范围，改善了住房条件，增加了乡村农民的空闲时间。

6. 乡村人均纯收入

乡村人均纯收入代表着乡村电气化工程建设对乡村农民的收入水平的影响度，即收入水平的提高度，可理解为乡村农民电气化工程的建设可为乡村住户当年从各个来源得到的总收入相应地扣除有关费用性支出后的收入总和的提高。

7. 光伏扶贫工程成效

光伏扶贫工程成效是指光伏扶贫工程对乡村振兴的贡献度以及对乡村农民收入水平的提高度，可理解为光伏扶贫工程可为乡村农民提供多少工作岗位，以及电网企业可提供多少转付补贴。

6.3 乡村电气化工程建设评价指标体系

乡村电气化工程建设评价指标体系见表6-1。

表6-1　　乡村电气化工程建设评价指标体系

编号	一级指标	二级指标
1	经济性指标	单位电量产值
2		单位负荷投资和单位电量运行费用
3		人均年售电量
4		购售价差
5		乡村劳动生产率
6		供电成本
7	社会综合效益指标	农民用电满意度
8		科技进步收入比率
9		环境影响损益率
10		乡村农民精神文明建设效率
11		农民生活质量满意度
12		乡村人均纯收入
13		乡村人均消费额
14		光伏扶贫工程成效
15	技术性指标	设备故障率
16		设备运行年限
17		容载比
18		供电可靠性
19		线损率
20		供电安全性
21		电缆化率
22		电力自发自用率

乡村电气化评价指标体系框架总体分经济性指标、社会综合效益指标、技术性指标3部分。乡村电气化工程建设评价打分表见表6-2，每项指标根据具体场

景分优、良、中、差4个等级，对应评分为5、3、1、0，最终根据合计给出乡村电气化评价指标体系各项评分，评分累加得到最终评价值。

表6-2　　　　　　　　乡村电气化工程建设评价打分表

编号	一级指标	二级指标	优	良	中	差
1	经济性指标	单位电量产值				
2		单位负荷投资和单位电量运行费用				
3		人均年售电量				
4		购售价差				
5		乡村劳动生产率				
6		供电成本				
7	社会综合效益指标	农民用电满意度				
8		科技进步收入比率				
9		环境影响损益率				
10		乡村农民精神文明建设效率				
11		农民生活质量满意度				
12		乡村人均纯收入				
13		乡村人均消费额				
14		光伏扶贫工程成效				
15	技术性指标	设备故障率				
16		设备运行年限				
17		容载比				
18		供电可靠性				
19		线损率				
20		供电安全性				
21		电缆化率				
22		电力自发自用率				

第7章

乡村电气化国际经验

欧洲是碳达峰、碳中和的倡导者，在乡村电气化与能源转型方面一直走在世界前列。本书作者深入欧洲城市与乡村进行考察，在实地调研与资料收集的基础上，选取德国、英国、法国以及北欧等典型国家与地区展示乡村电气化方面的国际经验。

7.1 德国

7.1.1 云克拉特镇光伏项目

德国云克拉特小镇面积约10km^2，截至2018年底约有1777位居民。该小镇全年的能源消耗为1296万kW·h，人均7293kW·h。2015年小镇的可再生能源发电量约为77万kW·h，其中光伏发电贡献了绝大部分，为73.8万kW·h。目前，小镇上的光伏应用场景包括工商业、农场、学校、住宅、公共场所等。图7-1和图7-2所示分别为云克拉特镇Klein公司厂房上的光伏以及Klein公司工具商店的屋顶光伏。此外，通过太阳能集热器配备储热水箱，既可保证全年热水和必要的供热，还通过智能控制尽量减少燃气的使用。

图7-1 云克拉特镇Klein公司厂房上的光伏

图7-2　Klein公司工具商店的屋顶光伏

云克拉特镇光伏项目的等效发电小时最高为1037 h，这个数据与我国三类资源区的中上水平大体相当。当地地处北纬50°，冬夏太阳能辐照强度差别很大。如果当地建筑屋顶广泛安装光伏的话，在五、六月峰值发量达到自我平衡的情况下，冬季的电量缺口会很大。如果冬季电量自给，则夏季的光伏冗余装，而且冬季供暖需求能源量很大，所以需要考虑季节性储能方案。

7.1.2 基尔河北岸农场光伏

基尔河北岸的农场装了很多光伏，如图7-3所示，旁边还有很多大草堆。农场因为屋顶面积大，而成为装光伏的上佳之选。农场用电量很少，其发电量远大于其用电量，应该主要是卖给电网。

图7-3　基尔河北岸农场光伏

7.1.3 家居供暖系统

德国政府对太阳能有补贴，因此家家户户都用，节能环保舒适度高，德国冬天比较冷，普遍采用地暖设备供暖。为了保证热量不流失，不仅要采用新风系统对新进来的冷空气进行加热，还要采取多种保温措施，比如夹心的墙体，三玻两腔的保温门窗等。德国家居供暖系统如图7-4所示。

图7-4　德国家居供暖系统

7.1.4　苏特村光伏项目

德国苏特村（Sautorn）光伏总装机约2.5MW，发电量超过250万kW·h。图7-5和图7-6所示分别为德国苏特村屋顶光伏和光伏顶棚。苏特村属于施特凡斯波兴小镇，这样的建制村在该小镇共有21个，小镇的光伏主要有屋顶光伏、光伏建筑一体化（BIPV）、农光互补3种形态。

图7-5　德国苏特村屋顶光伏

图7-6　德国苏特村光伏顶棚

7.1.5 海德堡被动房社区

德国海德堡被动房社区如图7-7所示。被动房一般采用很厚的墙体和多层玻璃，保温性能很好。光伏建筑一体化可分为两大类：①光伏方阵与建筑的结合，这种方式是将光伏方阵依附于建筑物上，建筑物作为光伏方阵载体，起支撑作用；②光伏方阵与建筑的集成，即光伏建筑一体化（BIPV），这种方式是光伏组件以一种建筑材料的形式出现，光伏方阵成为建筑不可分割的一部分。BIPV在生活中的常见形式有屋顶集成、非集成式屋顶光伏、玻璃门兼顾遮阳功能、房屋侧立面、阳台护墙以及门窗遮阳板式光伏等。

图7-7　德国海德堡被动房社区

7.2 英国

7.2.1 零碳社区

在英国伦敦南郊的贝丁顿小镇，有一个外观独特的社区格外引人注目，这里的建筑物上竖立着一排排五颜六色的烟囱状装置，屋顶南侧铺设了大片太阳能光伏板，北侧则种植着各色植物。

这个社区全称为贝丁顿零化石能源发展社区，由世界著名低碳建筑设计师比尔·邓斯特设计，2002年完工并吸引了约百户居民入住，是英国最大的低碳可持续发展社区，如今已成为世界低碳建筑领域的标杆式先驱，也称"零碳社区"，如图7-8所示。"零碳社区"并不是完全没有碳排放，而是"零化石能源"，即通过利用太阳能、节能建筑等手段来达到不使用煤和石油等传统化石能源的目的。

图7-8 零碳社区

零碳社区所使用的能源主要来自两个方面：①在建筑的楼顶和南面大面积安装的太阳能光伏板；②社区里建有一个利用废木头等物质发电并提供热水的小型热电厂。邓斯特向记者介绍说，社区楼顶五颜六色的烟囱状装置称作"风帽"。它是一种自然通风装置，具有特殊的开口设计，能随风旋转，从而将室外的新鲜空气通过管道引入室内。通常室内温度较高，为了减少换气过程中的热量流失，设计者对进气和出气管道做了特殊处理，使室外冷空气进入和室内热空气排出时在管道中发生热交换，从而节省保暖所需的能源。图7-9所示为零碳社区室内能源供应示意图。

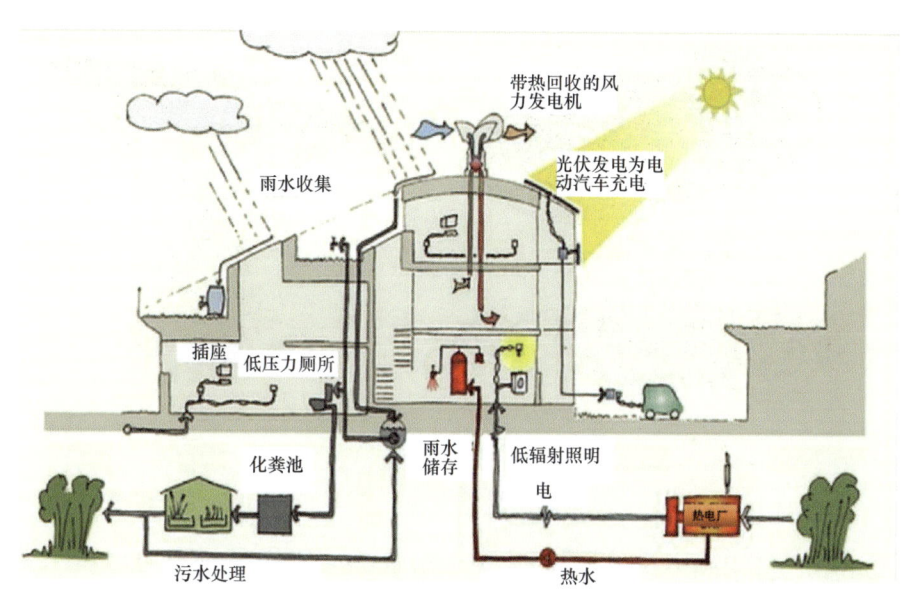

图7-9 零碳社区室内能源供应示意图

社区内的小型热电厂使用的燃料是废旧木头等物质，不会造成额外的环境负担。它在发电过程中散发出的热能也被用来制造热水，热水通过管道送入社区内的每家每户。每户家中都装有一个一米多高的热水桶，除了因生活需要取用热水外，热水筒还可以在室温较低时自动释放热量，辅助取暖。采取这些措施后，只要没有特殊需求，居民家中就不必再安装暖气，整个社区也没有安装中央供暖系统，这就减少了一大块能源消耗。

"零碳社区"或者说是"低碳社区"其实拥有多套设计方案，以应对不同的气候环境，可以在不同国家和地区推广。

7.2.2 光伏树

零碳工厂的能源树是光伏树，为零碳工厂的电动汽车提供遮阳和充电，如图

7-10所示。一般是3kW一棵树，配套有锂电池。光伏树可设计在街景、公园和公共场所中。它起着街头家具的作用，为市民提供了一个休憩地，可遮阳和充电的长凳。光伏树的基础结构由梯度不锈钢管和当地岩石基底填充物组成，最大限度地减少了对环境的影响。

图7-10　零碳工厂的光伏树

7.2.3　光伏街道

光伏街道利用光伏天棚创造了一个太阳能发电的城市大道，如图7-11所示。斑驳的日光，恰到好处的遮阴，使人们在其中可以舒适地活动。光伏天棚为人们创造了宝贵的社会公共空间和开放活动的场所。

图7-11　光伏天棚

7.3 法国

7.3.1 太阳能农场

2014年法国通过法律保证以高出市场价1.5倍的价格，向自愿兴建太阳能发电农场的业主收购光伏电力，促使法国卢瓦河谷与罗纳河谷的农民纷纷把葡萄园改为太阳能葡萄农场，法国乡村葡萄园和葡萄农场的光伏板分别如图7-12和图7-13所示。

图7-12 法国乡村葡萄园

图7-13 葡萄农场的光伏板

这些新建成的太阳能葡萄农场,每天产生的光伏电力不仅可以满足葡萄园的人工光照、灌溉与葡萄藤苗管理等,还可以将多余的电力提供给邻近村镇使用。以法国Akuo太阳能农牧场为例,该农场占地超过330公顷,整个农场超过75000个太阳能面板,可以产生24MW的电能。

7.3.2 光伏温室

2017年4月,法国可再生能源开发商Tenergie在法国南部罗纳河口的马勒莫尔委托建造了其首个基于Tenairlux专利技术的光伏温室,如图7-14所示。该项目采用每块265W的光伏面板搭建而成,装机功率为2.1MW。采用模块化的安装,使光伏面板可以有效减少地面阴影面积(光伏温室地面阴影率为36%,而传统温室为52%);通过聚碳酸酯的滤光和漫射,光线得到了更好地利用,大大提高了地面光线的均匀度;根据室内气候和室外天气的需求,可通过屋顶开口系统和全侧电动开口进行通风,精确地控制大棚内的温度。

图7-14 光伏温室

7.4 北欧

北欧5国共占地350万 km²，人口大约2500万人，其中，冰岛可再生能源占比85%；瑞典可再生能源占比55%；挪威可再生能源占比46%；芬兰可再生能源占比40%；丹麦可再生能源占比32.7%。北欧可再生能源发展迅速，尤其冰岛、瑞典等国新能源发电占比已过半，而最近因为技术与装置成本下降，又涌入一批太阳能投资。

7.4.1 瑞典

瑞典是全球能源转型的先锋国家之一，依靠可再生能源提供燃料，与邻国电网互联，参与高度一体化的泛欧电力市场。

1. 屋顶光伏农场

瑞典Frölunda农场位于乌普兰斯布罗自治市，距斯德哥尔摩西北仅3km，安装有60 kW的屋顶光伏农场，如图7-15所示。建筑物所消耗的电力都由太阳能电池产生，每年可为农场提供65000 kW·h的电能。太阳能电池可以满足农场对可消耗电力的需求，但不足以供应电采暖。

图7-15 屋顶光伏农场

2. 光伏庄园

瑞典ETC Solar Park光伏庄园，内有光伏向日葵、光伏木屋、光伏温室、光伏墙、光伏底面电站等，如图7-16所示。

图7-16 光伏庄园

3. 零碳能耗建筑

瑞典哥德堡有一座离网的零能耗建筑，依靠22kW的光伏系统实现热电联产，如图7-17所示。

图7-17 瑞典哥德堡的离网零能耗建筑

该零能耗建筑可提供电、热、热水等能源需求，还能给电动汽车充电，其房屋能量流如图7-18所示。

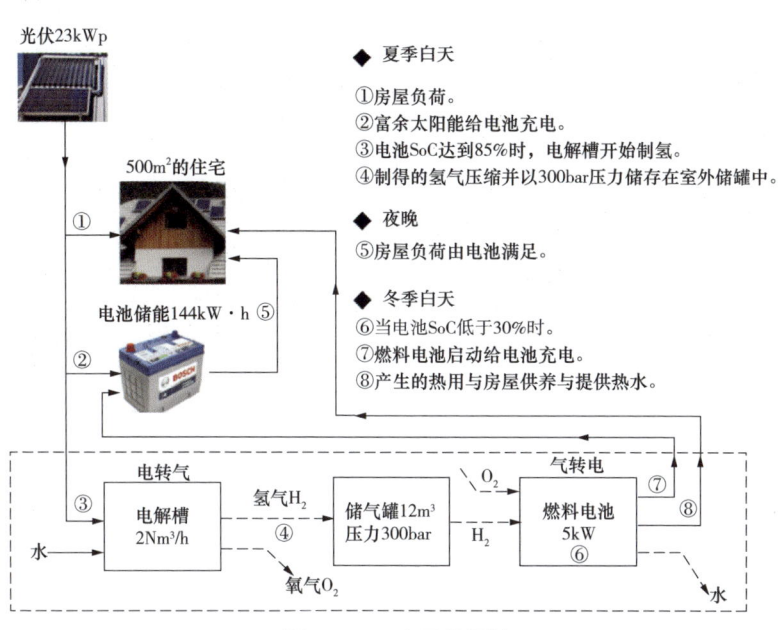

图7-18 房屋能量流

能源系统有3种运行模式：①夏季白天（光照时间较长），光伏首先满足房屋负荷，富余太阳能给电池充电，电池SoC（荷电状态，State of Charge）达到85%时，电解槽开始制氢，制得的氢气压缩并以300bar压力储存在室外储罐中；②冬季白天（光照时间过短），当电池SoC低于30%时，燃料电池启动给电池充电，产生的热用于房屋供暖与提供热水；③夜晚，房屋负荷由电池满足。

整个南向的屋顶都覆盖有光伏和光热板，为房屋提供大部分电能。140m^2的PV可产生20kWp的电力，而20 m^2的光热板则产生13kW的热力。垂直的PV（0.8kWp）可以捕获冬季的低角度太阳（与水平线夹角12°~15°）。西面外墙壁，两个太阳能电池板捕获午后和傍晚的太阳能，产生约为2.0kWp的电力。

光伏接入电源中心，电源中心实现电源分配，即分别用于给电池充电，水电解和房屋内部电网。光伏逆变器及控制系统如图7-19所示。

图7-19 光伏逆变器及控制系统

黄色箱盒是逆变器和充电器的组合。当有多余的PV电量可用时，它们会为电池充电，而在没有PV电源可用时，它们会从电池中提取电量供给房屋。电池放置在墙壁的另一侧，每个盒子最大可充电8kW。逆变器满足了房屋的实时AC电源需求，每个逆变器与3个箱盒相关，并包含1个冗余系统。两个逆变器都独立工作，将能量输送到房屋。

电池采用容量为144kW·h的铅酸电池，足以让房子整整运行5天，包括热量，但不包括电动汽车充电。当电池SoC达到85%时，来自PV的电能通过电解水产氢。当电池SoC低于30%时，燃料电池利用氢气发电。

电解制氢系统采用碱性电解槽，制氢能力为2Nm³/h。生产和存储1Nm³氢气需要5.5kW·h电力和1L纯净去离子水。5.5kW·h中的0.5kW·h用于将生产的氢气压缩到300bar。这些氢气在供燃料电池使用时，将产生1.5kW·h的电和1.5kW·h的热，这部分热量将送至房屋供暖系统中。

7.4.2 丹麦

1. 近零碳排放农庄

丹麦近零碳排放农庄距离纺织业中心的瓦埃勒市十几千米，该农庄采用生物质锅炉房、光伏、垃圾分类和电气化生活设施，如图7-20所示。农庄供暖面积350m², 采用生物质形成颗粒锅炉烧水供暖并提供热水。锅炉把水加热到60℃左右存入储水罐，储罐的水温大约是46.8℃，这使得厨房、洗脸池和浴室都有热水，全年供应。另外，分布式光伏助力农庄实现近零碳，采取自发自用，余电上网模式运行。冬天发电量很少，夏天的发电量有时能达到用电量的一半左右。农庄电气化程度很高，最耗电的估计是集成式电炉和烤箱，此外还有冰箱、洗碗机、干衣机、电视等。

图7-20 丹麦近零碳排放农庄

2. 零碳地区萨姆苏岛

丹麦零碳小岛萨姆苏岛，面积114km²，约有4000多名居民，主要是渔民和农民，该岛是世界上第一个在现代生活与生产状态下的"零碳地区"。早在2000年，岛上就已建成11座1MW的陆上风力发电机，为该岛的22座村庄提供足够的电力，使其自给自足。到2006年，岛上共建成21座风力涡轮机，除了满足本岛居民的用电需求外，每年至少有40%的剩余电力通过电网被输送到岛外，足以抵消该岛公共交通等燃油排放，使该岛实现碳中和。除此之外，岛上还建成4个太阳能供热的热水系统以及3个生物质燃烧发电厂，为岛上房屋提供电力和集中供暖。

萨姆苏岛太阳能集热板与储能设备如图7-21所示。

图7-21 萨姆苏岛太阳能集热板与储能设备

萨姆苏岛风电设施如图7-22所示。

图7-22 萨姆苏岛风电设施

3. 森讷堡零碳项目

丹麦森讷堡零碳项目打造绿色生态城，位于丹麦南部的森讷堡市拥有500km² 土地和8万人口。2007年，该市开始实施"零碳项目"规划，确立了在2029年之前成为"零碳城市"的目标，并制定了详尽的路线图。这个毗邻德国的小城已成为一个以节能技术、区域供热及可再生能源产业为重心的绿色生态城。图7-23所示为丹麦森纳堡集成太阳能集热器。

图7-23　丹麦森纳堡集成太阳能集热器

走在森讷堡市所处的阿尔斯岛上，会发现许多"零碳项目"：太阳能设施随处可见，区域供热能源以垃圾焚烧和地热为主，生物质能、风能等可再生能源逐步取代了传统的化石能源发电和供热方式。

森讷堡零碳项目规划了3条路径：①通过提高能源效率来增强企业竞争能力和降低居民的能耗支出；②加强对可再生能源的综合利用；③采用智能动态能源体系使能源消耗与能源生产高效互动，能源价格根据能源供应量浮动，合理控制能源消耗。

垃圾焚烧是森讷堡目前热能供应的主要来源之一。森讷堡的热电站每年焚烧约7万t生活垃圾。在大力发展热电联产、变废为宝、充分提高能源利用率的同时，森讷堡还在探索如何更好地利用太阳能、地热能、风能及生物质能等多种可持续能源。

森纳堡在近郊的巴勒鲁普有面积为6000m^2的太阳能采暖基地，生物质燃炉站的两台燃烧器为辅助热源，并通过地区集中供热管网向森纳堡地区提供二氧化碳中性的绿色集中供热。太阳能集热器可满足乡村地区供暖需求的50%以上。

4. SIB能源盈余住宅

丹麦SIB能源盈余住宅如图7-24所示，面积200m²，年均能量平衡为正值，自产的多余电能按照市场价格卖给当地电网。这所能源盈余住宅在建成后的第一年内，就成功证实了能源盈余住宅的建筑理念，而且将继续为房屋的业主省下能耗支出。

图7-24 丹麦SIB能源盈余住宅

SIB能源盈余住宅有效结合了节能保温、通风、被动式太阳能热、地源热泵和光伏发电等技术，通过智能能源管理系统对住宅能耗进行不断监测和优化运行。

5. 被动式正能量屋

2012年间森讷堡地区内1500多户私人住宅装设了光伏发电系统，加之地区内企业在太阳能领域的大规模投资使森讷堡成为全国光伏利用领域的领先城市。最新统计显示，欧洲人约90%的时间待在室内，而建筑物本身消耗能量就高达40%。

丹麦零碳项目的另一项创举是大力推广和发展被动式正能量屋，使房屋产生的能量大于消耗的能量。被动式正能量屋最主要的能量来源是太阳，通过屋顶覆盖的太阳能电池板给房屋供暖供电，并通过绝佳的隔热层减少屋内热量的损失，最大限度降低能耗。

在森讷堡，这样一个安装了太阳能电池板的被动式正能量屋每年可发电6000kW·h。在阳光充足的日子里，能量屋产生的多余电能可出售给电网，而在日照不足的冬季，能量屋再购回电能。

第 8 章

国内乡村电气化创新实践与未来展望

8.1 示范项目

8.1.1 山东寿光乡村振兴综合能源示范项目

寿光市现代农业高新技术集成示范区总规划占地3000亩，总投资2.55亿元，目前有两回路10kV线路供电，屋顶光伏和沼气未完全开发，项目面向乡村振兴战略和农村能源消费变革升级，在现代农业高新技术集成示范区和洛城街道寨里村，立足寿光市资源禀赋和产业优势，基于综合优化用能方式，替代使用不可再生的、对环境污染严重的用能方式，实现乡村振兴下能源系统的可靠、绿色、经济三位一体总目标，建设全国首个乡村振兴综合能源项目。

该项目从寿光现代产业园区典型用能特征出发，充分应用数字化技术，力争打造现代化农村智慧能源体系。图8-1所示为寿光现代产业园区智慧能源体系架构图。

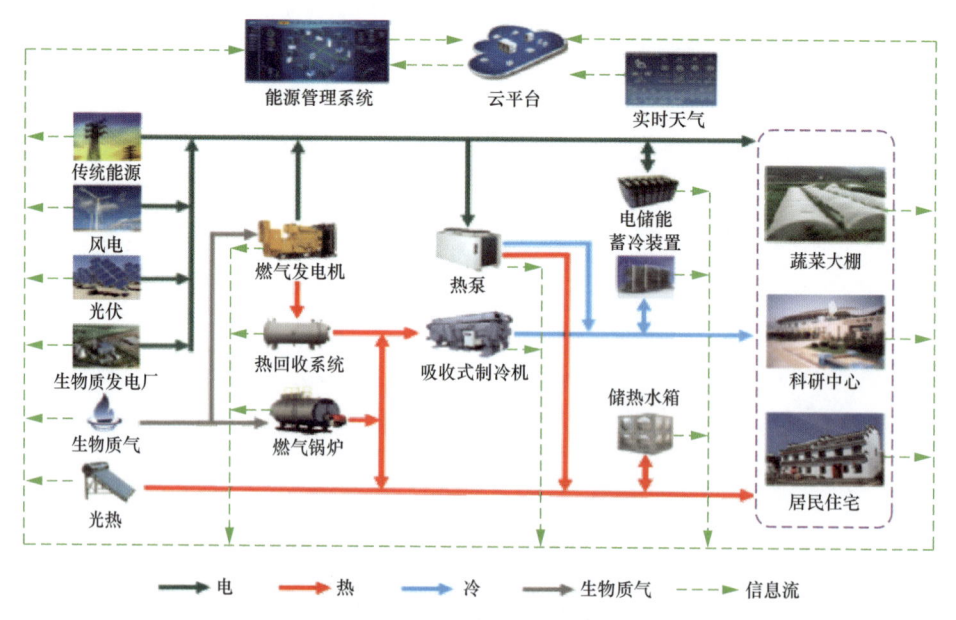

图8-1 寿光现代产业园区智慧能源体系架构图

山东寿光乡村振兴综合能源示范项目有3个方面特色。

（1）因地制宜结合寿光现代农业生产基地用能特点和当地屋顶光伏、生物质资源禀赋的优势，提出生物质三联供、空气源热泵大棚余热回收等特色多能耦合网络架构，不仅能够满足用户的电、气、冷、热多元化用能需求，同时也能利用新能源多能互补技术，实现风、光、生物质等多种可再生能源之间的互补利用，进而提升能源供需协调能力，推动可再生能源就近消纳，提高可再生能源消纳率和能源综合利用率。

（2）针对乡村综合能源具有源荷特征多样、时空分布广、用户用能行为复杂、管理控制环节多等特点，融合电气化、物联网、人工智能等信息科学技术，研发集乡村能源负荷预测、协同优化、运营管理一体的智慧能量管理平台，突破了传统能源系统简单独立的运行模式，实现了综合能源系统"源—供—储—用"协同优化调度和电网友好交互。

（3）结合寿光县级能源大数据中心建设等背景，探讨生物质三联供给大数据机房供能，大数据机房余热收集直供大棚等创新综合能源利用模式；同时结合乡村电气化建设积累的农村用能大数据，建立农村能源数据精准画像，为政府农村能源基础设施投资提供权威支撑，进一步开拓探索农村未来能源互联网平台的能源基础服务和增值服务机制。

8.1.2 河南兰考县能源互联网综合示范工程

河南兰考县能源互联网综合示范工程可提供不少于50万 m^2 的农村试点，包含分布式电源、沼气、储能等供能元素以及农产品加工、居民、农业种植等负荷类型。目前，已完成能源监测、公共服务、协调优化三大中心功能研发，累计接入15家兰考属地能源企业电、热、气、油4类能源数据1200万条。其中，能源监测中心实现了兰考县能源全县域、全品类、全链条监测。公共服务中心完成能效管理、网上办电、智能充电等功能，协调优化中心完成需求响应、源网荷储状态感知等功能。

该项目从新时代县域能源转型出发，力争打造现代综合示范项目。项目特色有能源生产清洁化、能源运行智慧化、能源消费电气化和能源服务便利化4方面。

1. 能源生产清洁化

在能源生产清洁化方面，瞄准新能源开发消纳问题，加快兰考县风能、太阳能等可再生能源开发利用配套电网工程建设，优化电网网架，加强农村配电网建设，探索开展基于虚拟电厂的源网荷储一体化运行策略，延伸部署"新能源云"，全面夯实新能源消纳基础，提升新能源运行与管理水平实现新能源消纳，支撑可再生能源发电量占县域全社会用电量的70%以上。

2. 能源运行智慧化

在能源运行智慧化方面，瞄准能源设备智能判别能力不高问题，推进输变配用等环节感知设备有序接入物联网管理平台，深化智能电表非计量功能应用，推进配电抢修可视化建设，全面夯实电网状态感知基础，实现设备侧和用户侧感知终端增量接入率100%，营配数据贯通率提高到95%以上，示范区域停电信息分析到户率90%以上，提升设备隐患和故障发现能力，实现示范区域停电信息主动上传，自动派发抢修工单，变用户报修为主动抢修。

3. 能源消费电气化

在能源消费电气化方面，瞄准乡村振兴能源需求保障问题，加强电网延伸建设，积极拓展综合能源服务市场，全面夯实用能结构升级基础，满足高标准农田、生态旅游、产业发展、电能替代以及电动汽车充电桩接入等用电需求；拓展用户侧综合能源服务市场，扩大能源数据采集频度、广度、深度，示范企业主要用电信息采集到设备，提升能源综合利用效率。

4. 能源服务便利化

在能源服务便利化方面，瞄准用户用能服务体验感不足问题，开发"一机多用"智能作业终端，应用"互联网+"营销，优化管理流程，在网上国网App基础上，拓展面向用户展示抢修进程等功能，全面夯实用电营商环境基础，高压用户、低压非居民用户、低压居民用户电网环节接电时间分别控制在12、4、1.5个工作日以内，比国家电网公司的要求分别缩短1/2、1/2、1/4，提供报装、报修、查询等业务线上一站式服务，提升用户用能的参与感、获得感；深化兰考能源互联网平台对外服务能力建设，探索打造能源互联网生态圈，切实提升能源服务水平；依托兰考桐乡新型供电所建设，有机融合能源监测、配电运维等业务，打造国家农村能源革命和国网公司能源互联网综合示范项目的落地应用平台。

8.2 未来展望

随着乡村电气化的不断深入，清洁能源在乡村能源体系中的利用比例逐渐提高，光伏、地热、生物质等可再生能源与各类终端电气化的负荷在乡村配电网中呈现爆发式的增长。但是目前这些可再生能源与终端用电负荷往往是按照传统的单独规划、单独设计、单独建设、单独运维的方式发展，缺乏全流程的协调，经济成本与社会成本浪费较大，综合能源利用效率低下。同时能源体系的整体安全性较低，自愈能力也较差。

2021年12月，国家能源局、农业农村部、国家乡村振兴局印发了《加快农村能源转型发展助力乡村振兴的实施意见》，该文件强调未来农村能源转型将在巩固拓展脱贫帮扶成果、培育壮大农村绿色能源产业、加快形成绿色低碳生产生活方式3个方面持续发力，助力乡村振兴，加快形成绿色、多元的农村能源体系。巩固拓展脱贫帮扶成果方面将重点关注巩固光伏扶贫工程成效，持续提升农村电网服务水平，支持县域清洁能源规模化开发；培育壮大农村绿色能源产业方面将重点关注推动千村万户电力自发自用，积极培育新能源+产业，推动农村生物质资源利用，鼓励发展绿色低碳新模式新业态，大力发展乡村能源站；加快形成绿色低碳生产生活方式方面将重点关注推动农村生产生活电气化，继续实施农村供暖清洁替代，引导农村居民绿色出行。

能源互联网是一种互联网理念、技术与能源生产、传输、储存、消费以及能源市场深度融合的新型生态化能源系统。它以电力为基础，以可再生能源利用为优先，通过多种能源协同、供给与消费协同、集中与分布协同，大众广泛参与，实现物质流、能量流、信息流、业务流、资金流、价值流的优化配置，促进能源系统更高质量、更有效率、更加公平、更可持续。

随着以现代农业园区为基础的新型乡村生产模式出现，乡村用能的集中化和规模化显著增加，乡村电气化的发展将逐步呈现出能源互联网的特征，从能源的生产、传输、使用、储存4个方面全面优化能源生产协同、使用协同、存储协同与管控协同等各个环节，满足乡村能源供需的新特点和新需求，具体体现在以下几个方面。

（1）新能源等供能方式广泛推广，电气化设备嵌入农业生产环节增多，智慧用能措施保障用能安全。从广泛增加的乡村生产用能来看，能源乡村振兴与企业自主建设的光伏、生物质电站等新能源设施接入电网以及农村生产生活电力需求的增加给乡村配网供电质量和供电可靠性提出了更高要求。农电台区数字化水平的提升，可以有效提升供电故障的智能化预警能力，提升乡村供电服务能力。从不断增长的电气化设备日常维护复杂程度来看，农业设施大规模电气化，农户出于投资考虑选择单一电源点供电、电气化设备日常维护不规范等情况导致供电可靠性和安全隐患问题突出。通过增强用能过程感知与监测能力，可以实现异常情况主动预警与及时抢修。

（2）用能需求日趋多元化，供用能网络日渐复杂，源网荷联合优化与多能互补等多种综合能效技术实现降低用能成本。以高科技农业园区为代表的现代农业生产用能方式与工业园区用能特性相似，电、热、冷等综合能源应用规模快速增长，新能源等供能形式多样，多能协同优化技术不断成熟。同时，源荷特征多样、时空分布广、管控环节多等特点，通过建设园区用能控制管理系统，连接区域内各用能设备和各类能源管理系统，实现设备级—系统级—用户级的全景化能源管理和多级能效分析。农业负荷具有很强的季节性和时间性特征，电动汽车、智能家居等可调节负荷设备的大规模推广，为建设乡村柔性可调度负荷资源池创造了条件，通过提供需求响应代理服务可以有效降低农业企业和农户用能成本。

（3）能源与农业系统产销互补，运行过程深度耦合，智慧能源与农业生产互相促进发展。渔光互补、农光互补等新的设施农业形态实现了乡村空间资源的综合开发利用。生物质沼气电、热联产等技术的大规模应用实现了农业系统和能源系统的产消互补，将传统单向的能量流动模式转变为能量高效利用的循环流动模式，发展了环境—能源—粮食的协同收益模式。通过共建、共享物联网基础设施，开展智慧农业与智慧能源数据融合分析，可以节约数字化投资成本，实现能源与农业互相促进发展，如通过精准调度作物生长环境调节设备运行时间实现农业生产负荷与新能源出力耦合，促进清洁能源消纳；共享天气信息，开展农业生产灾害预警与新能源发电预测；基于能源价格信息自动调节植物工厂等高耗能设施运行；共享电烘干、电气化灌溉、农产品冷链等设备、设施使用信息，在乡村发展共享经济等。

（4）新型电力系统推动乡村能源行业面临新局面，能源服务平台化促进引领乡村能源服务产业发展。随着乡村开展新型电力系统建设，5G的智慧能源应用、充电桩建设、新能源汽车推广等乡村能源服务行业有望实现大规模发展，综合能源服务产业的发展，为乡村产业兴旺拓展新的领域，为乡村振兴提供能源服务保障。运用平台化思维，共建包含农户、农业设施设计施工、电气化设备制造、综合能源服务商等支撑单位和农业科研院所以及政府共同参与的生态经济圈，汇聚各类资源，促进供需匹配、要素重组，优化各类资源配置，构建现代乡村能源服务体系，通过平台化构建乡村能源服务生态圈，促进乡村能源服务产业发展。同时，主动融入乡村数字化转型与基础设施建设进程中，加速推动信息网、能源网的互联互通，构建面向乡村的中国特色能源互联网，引领乡村能源服务产业的发展方向，是供电公司实现从传统供电服务向"供电+能效"转型发展的战略机遇期，也是大国能源央企实现社会责任重要体现。

未来乡村能源需要以乡村电网以及乡村用能特点为基础，强调农业系统与能源系统在生产、消费、信息等方面的互补与协同。在能源供给环节，充分考虑乡村分布式光伏、地热、生物质等供能单元分布广、装机小的特质，需要大电网充分发挥备用与调峰的能力，保障能源供应的安全可靠；在能源传输环节，充分考虑乡村配电网电压等级低、线路连接少的特质，需要能源管理平台具备更高效的预警与保护能力，保障能源传输的安全稳定；在能源使用环节，充分考虑乡村季节性、时间性，用电负荷单一的特质，需要充分挖掘负荷侧管理与需求相应的能力，保障能源使用的经济高效；在能源储存环节，充分考虑乡村季节性供暖需求特质，需要充分挖掘电蓄热、跨季储能能力，保障能源储存的实用高效；在信息处理环节，充分考虑乡村地广人稀、设备分散式分布的特质，需要充分考虑无线通信技术的应用，保障信息处理的经济实用。

参考文献

[1] 戈丹.阜新地区农村电网建设与改造技术经济分析[D].辽宁工程技术大学，2002.

[2] 马玲娟.基于送电到乡工程的中国农村可再生能源服务模式研究[D].北京交通大学，2006.

[3] 韩冰.借鉴美日韩经验 加快我国新农村建设[J].经济前沿，2007（Z1）：10-14.

[4] 蒋文海.宽城县农村电气化改造项目综合效益评价研究[D].河北：华北电力大学，2009.

[5] 俞成彪.浙江省新农村村级供电模式研究与实践[D].浙江大学，2009.

[6] 凌健.新农村电气化供电模式研究[D].浙江大学，2011.

[7] 刘红霞.满城县新农村电气化工程技术经济评价[D].华北电力大学，2013.

[8] 洪振国.中国农村家庭能源消费与清洁可再生能源节能潜力评估[D].兰州大学，2020.

[9] 陈向红，周口.新农村电气化电网规划研究[D].河北：华北电力大学，2009.

[10] 刘刚，李艳彬，姚振华，等.高效智能生态养殖恒温机的应用调研[J].畜牧业环境，2020（11）：26.

[11] 罗国亮，任博雅.改革开放40年中国农村电力的发展及其成就回顾[J].中国电业.2018，（11）：92-93.

[12] 刘亦男.河北省唐山市农村电力发展研究[D].烟台大学，2019.

[13] 朱浩.云南省农村电网管理研究[D].云南大学，2017.

[14] 齐正平.中国能源大数据报告（2020）—能源综合篇[R].北京：中电传

媒能源情报研究中心，2020.

[15] 王建国.新农村建设时期的农村电力发展研究[D].重庆大学，2012.

[16] 钟茜茜.大埔县生猪养殖绿色发展研究[D].仲恺农业工程学院，2020.

[17] 国网（苏州）城市能源研究院，中国工程院.城市和农村能源革命模式及实施路径研究，2018.

[18] 清华大学建筑节能研究中心，中国工程院咨询项目.中国建筑节能年度发展研究报告，2016.

[19] 本刊讯.世界经济论坛发布全球能源架构绩效指数报告[J].华东电力，2014，42（12）：2698.

[20] 马君华.能源互联网与智慧城市能源互联网发展研究[M].北京：清华大学出版社，2017.

[21] 杨小彬，李和明，尹忠东，等.基于层次分析法的配电网能效指标体系[J].电力系统自动化，2013，37（21）：146-150，195.

[22] 郭小哲，葛家理.基于双重结构的能源利用效率新指标分析[J].哈尔滨工业大学学报，2006，38（06）：999-1002.

[23] 高赐威，罗海明，朱璐璐，等.基于电力系统能效评估的蓄能用电技术节能评价及优化[J].电工技术学报，2016，31（11）：140-148.

[24] 华贲.DES/CCHP系统和区域能源利用效率计算方法及影响因素分析[J].中外能源，2012（03）：18-23.

[25] 薛屹洵，郭庆来，孙宏斌，等.面向多能协同园区的能源综合利用率指标[J].电力自动化设备，2017，37（06）：117-123.

[26] 吴强，程林.基于层次分析法的能源互联网综合能效评估方法[J].电气应用，2017（17）：62-68.

[27] 薛志峰，刘晓华，付林，等.一种评价能源利用方式的新方法[J].太阳能学报，2006，27（04）：349-355.

[28] 徐宝萍，徐稳龙.新区规划可再生能源利用率算法研究与探讨[J].暖通空调，2013，43（10）：52-55.